ISBN-13 : 979-8401678034

Dedicado a tod@s aquellos que quieran aprender

Sobre el Autor

Ernesto Rodriguez, Ingeniero Técnico Industrial, Profesor de Formación Profesional y divulgador tecnológico mediante su página web www.areatecnologia.com

Introducción del Autor:

Motivado por el éxito del apartado de electricidad de mi página web www.areatecnologia.com y por mis alumnos, decidí escribir este libro de ayuda para todos aquellos que quieran empezar a estudiar electricidad.

Su contenido está desarrollado de menor a mayor dificultad empezando por lo más básico, como comprender el concepto de la corriente eléctrica y sus magnitudes, por lo que recomiendo que se lea empezando por el principio y solo saltándose aquellos puntos que el lector no considere importantes o que ya conozca.

Es un libro que servirá de gran ayuda a todos aquellos alumnos de cualquier nivel educativo que quieran aprender a entender y resolver circuitos eléctricos, tanto de corriente contínua como de corriente alterna.

# ÍNDICE DE CONTENIDOS

# CONCEPTOS Y MAGNITUDES ELÉCTRICAS

## Carga Eléctrica

**La carga eléctrica es la cantidad de electricidad almacenada en un cuerpo.**

Los átomos de un cuerpo son eléctricamente neutros en su estado natural, tienen el mismo número de protones con carga + que electrones con carga -, es decir, la carga negativa de sus electrones se anula con la carga positiva de sus protones.

Los neutrones no tienen carga eléctrica, solo masa.

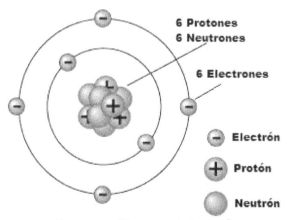

6 Protones
6 Neutrones

6 Electrones

Electrón

Protón

Neutrón

Esquema Elemental de un Átomo

Podemos cargar un cuerpo positivamente (potencial positivo) si le robamos electrones a sus átomos y podemos cargarlo negativamente (potencial negativo) si le añadimos electrones.

Como ves en la electricidad solo intervienen los electrones.

Cuerpo en estado natural ==> Sin Carga Eléctrica.

Cuerpo con electrones añadidos ==> Carga o Potencial negativo.

Cuerpo al que le quitamos electrones ==> Carga o Potencial Positiva.

Se conoce como **carga eléctrica** de un cuerpo al exceso o defecto de electrones que éste posee.

Carga negativa significa exceso de electrones y se dice que el cuerpo tiene una carga negativa o **un potencial negativo**.

Carga positiva significa defecto de electrones y se dice que el cuerpo está cargado positivamente o que tiene **potencial positivo**.

La unidad de carga eléctrica es el **Culombio**.

Un culombio equivale aproximadamente a un exceso o defecto de 6 trillones de electrones.

Este defecto o exceso de electrones serán los que puedan producir **una corriente eléctrica**, ya que como veremos más adelante, **la corriente eléctrica es un movimiento de electrones**.

Si tenemos electrones (carga) podremos moverlos (generar corriente).

Un cuerpo con mayor carga eléctrica tendrá capacidad de producir una corriente eléctrica mayor que otro con menos carga eléctrica.

También podemos definir **la carga eléctrica como la**

**cantidad de electricidad almacenada en un cuerpo.**

## Corriente Eléctrica

La corriente eléctrica es **un movimiento de electrones**.

Así de simple, si movemos electrones de un átomo a otro generamos corriente eléctrica.

Para generar corriente eléctrica necesitamos mover electrones de un átomo a otro por el interior de un material conductor, como por ejemplo el cobre.

Un átomo del cobre cede un electrón a otro átomo próximo a él dejando un hueco en el primero y así sucesivamente.

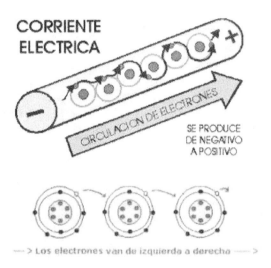

CORRIENTE ELECTRICA

CIRCULACION DE ELECTRONES

SE PRODUCE DE NEGATIVO A POSITIVO

—> Los electrones van de izquierda a derecha —>

El sentido de los electrones es de la parte que está cargada negativamente (le sobran electrones) hacia la parte que está con carga positiva (falta de electrones).

**Pero ojo, el sentido de la corriente eléctrica** en los circuitos se considera al revés, **del positivo al negativo**.

Este criterio **se debe a razones históricas** ya que en la época en que trató de explicarse cómo fluía la corriente eléctrica por los materiales la comunidad científica desconocía la existencia de los electrones y decidió ese sentido, aunque podría haber acordado lo contrario.

No obstante, en la práctica ese error no influye para nada en lo que al estudio de la corriente eléctrica se refiere.

Para no liarnos, podemos decir que la corriente de electrones es de – a + y **la corriente eléctrica es de + a -.**

Pero veamos cómo podemos generar este movimiento de electrones o corriente eléctrica.

**Si tenemos un cuerpo con potencial negativo y otro con potencial positivo, entre estos dos cuerpos tenemos una diferencia de potencial (d.d.p.)**

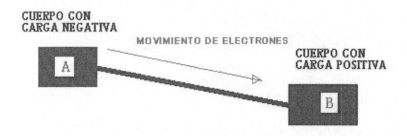

**Los átomos de los cuerpos o materiales tienden a estar en estado neutro**, o lo que es lo mismo, a no tener carga eléctrica.

Si por algún motivo no lo están, **siempre van a intentar estarlo.**

¿Cómo lo intentarán?

Imagina un átomo de un material que no esté en estado neutro,y por lo tanto tiene carga + o -.

Este átomo robará o cederá electrones al átomo más cercano a él para volver a estar en estado neutro.

Si ahora en lugar de un átomo conectamos dos cuerpos, uno con carga positiva y otro con carga negativa, por medio de un conductor, que es elemento o material por el que pueden pasar los electrones fácilmente.

¿Qué pasará?

Pues **los electrones sobrantes del cuerpo con potencial negativo pasarán por el conductor al cuerpo con potencial positivo** para que los dos cuerpos tiendan a su estado natural, es decir neutro.

**Acabamos de generar corriente eléctrica,** ya que este **movimiento de electrones**, como ya vimos anteriormente, es lo que se conoce como corriente eléctrica.

Lógicamente la corriente cesará cuando todos los electrones de la parte negativa pasen a la parte positiva o si existe un corte en el conductor.

Pero si queremos mantener la d.d.p. y la corriente eléctrica entre los dos puntos necesitamos una máquina que sea capaz de robar los electrones cuando lleguen a la parte positiva y los devuelva a la parte negativa.

**Las máquinas que son capaces de mantener una d.d.p entre dos puntos con el paso del tiempo se llaman generadores eléctricos.**

Fíjate en el siguiente esquema:

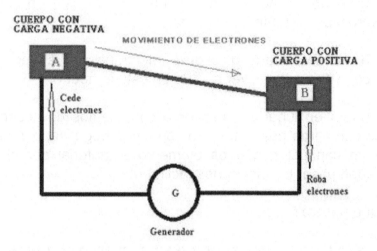

Después de todo lo explicado....

**¿Qué necesitamos para generar una corriente eléctrica?**

**Tener una d.d.p entre dos puntos y conectarlos por medio de un conductor.**

**Esto lo consiguen los generadores eléctricos como las pilas, las dinamos o los alternadores.**

La diferencia de carga, mayor o menor, entre los dos cuerpos será la causante de que tengamos más a menos corriente eléctrica por el conductor.

A más d.d.p ==> mayor corriente eléctrica.

## Tensión o Voltaje

**La tensión es la diferencia de potencial entre dos puntos.**

En física se llama d.d.p (diferencia de potencial) y en

electricidad **Tensión o Voltaje**.

**Recuerda**: la tensión es la causa que hace que se genere corriente eléctrica por un circuito.

En un enchufe hay tensión (diferencia de potencial entre sus dos puntos = bornes) pero OJO no hay corriente.

Solo cuando conectemos el circuito al enchufe empezará a circular corriente (electrones) por el circuito.

Entre los dos polos de una pila hay tensión y al conectar una bombilla pasa corriente de un extremo a otro a través de la bombilla y luce.

Si hay mayor tensión entre sus dos polos habrá mayor cantidad de electrones circulando y pasarán con más velocidad de un polo al otro.

Además entre los dos bornes de la bombilla habrá una tensión igual a la de la pila.

**La tensión se mide en Voltios (V)**.

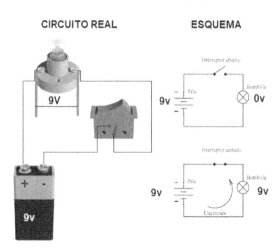

CIRCUITO REAL          ESQUEMA

Cuando la tensión es de 0V no hay diferencia de potencial entre un polo y el otro por lo que no hay posibilidad de corriente.

Si fuera una pila diríamos que la pila se ha agotado.

El aparato de **medida de la tensión es el voltímetro**.

Un generador mantiene una tensión entre sus bornes.

Al conectarlo a un circuito eléctrico circulará la corriente eléctrica por el circuito y sus elementos.

La tensión generada en los generadores se puede llamar **fuerza electromotriz** (fem).

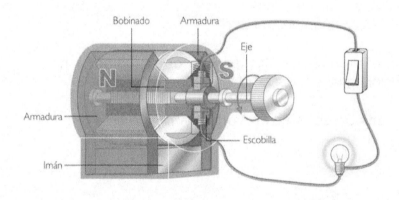

## Intensidad de Corriente

**Es la cantidad de electrones que pasan por un punto de un circuito en un segundo**.

Imaginemos que pudiésemos contar los electrones que pasan por un punto de un circuito eléctrico en un segundo.

Pues eso sería la Intensidad.

**Se mide en Amperios (A)**.

Por ejemplo una corriente de 1 A (amperio) equivale a 6,25 trillones de electrones que han pasado en un segundo por un punto determinado.

¿Muchos verdad?

**La intensidad se mide con el amperímetro**.

# Resistencia Eléctrica

Los electrones, cuando en su movimiento se encuentran con un receptor, por ejemplo una lámpara, no lo tienen fácil para pasar por el receptor porque este les ofrece una resistencia.

Por un conductor (cable) van muy a gusto porque no les ofrece casi resistencia a moverse, pero cuando tienen que pasar a través de los receptores es más difícil para ellos porque tienen resistencia.

**Se llama resistencia eléctrica a la dificultad que se ofrece al paso de la corriente eléctrica**.

**Y recuerda que todos los elementos de un circuito tienen resistencia**.

Los conductores también tienen, pero es tan pequeña que cuando no son muy largos se considera prácticamente de valor 0 ohmios.

**Se mide en Ohmios ($\Omega$) y se representa con la letra R**.

**Un óhmetro u ohmímetro es un instrumento para medir la resistencia eléctrica**, pero en muchas ocasiones

**podemos utilizar el polímetro, un aparato que mide tensiones, intensidades y resistencias**.

Podemos medir la resistencia de un receptor o la resistencia entre dos puntos cualquiera de una instalación.

Hay unos componentes eléctricos-electrónicos llamados **resistencias y que son componentes** que se ponen en los circuitos precisamente para eso, **para ofrecer más resistencia al paso de la corriente y limitar la resistencia a un cierto valor** en la zona donde se coloca del circuito.

Si tienen un valor fijo se llaman **resistencias fijas** y si su valor puede variar **se llaman potenciómetros o resistores**.

Más adelante veremos algo más sobre esto.

Como todos **los receptores eléctricos tienen resistencia**, en un circuito eléctrico podemos representar un receptor como un motor, una lámpara, etc mediante una resistencia.

**Recuerda**: Podemos representar mediante una resistencia un receptor eléctrico.

## Conductores y Aislantes

En función de su resistencia (resistividad) podemos encontrarnos diferentes tipos de materiales:

**-Conductores**: no presentan una oposición fuerte al paso de la corriente eléctrica por ellos.

Ejemplos son el carbón, el cobre, el aluminio y en general todos los metales.

**-Aislantes**: presentan una oposición fuerte al paso de la corriente eléctrica por ellos.

Ejemplos son las gomas y los materiales cerámicos.

**-Semiconductores**: En determinadas ocasiones pueden ser conductores y en otras diferentes aislantes.

Por ejemplo, un material puede ser conductor por encima de 25ºC y por debajo aislante, será un semiconductor.

Son muy usados en electrónica.

**-Superconductores**: Nula resistencia al paso de la corriente.

El problema de estos materiales es que para que se comporten como superconductores tienen que estar a muy baja temperatura, por lo que en la vida real no se emplean, aunque se están estudiando constantemente para intentar utilizarlos.

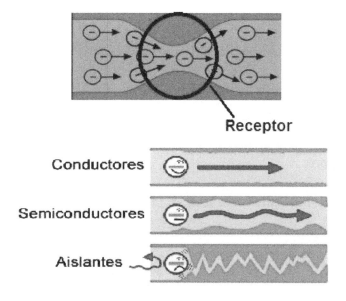

Receptor

Conductores

Semiconductores

Aislantes

## Efectos de la Electricidad

Si hacemos pasar corriente eléctrica por un filamento (hilo enroscado) de tungsteno o de wolframio resulta que...

¡¡¡Se genera luz!!!

¿útil no?

Pero los efectos de la electricidad o Fenómenos Físicos que producen son muchos más.

Los **elementos que producen efectos al ser atravesados por una corriente eléctrica** (electrones "e-" en movimiento) se llaman **Receptores**.

Veamos algunos de los principales:

- **Receptores Luminosos**: los que producen luz, por ejemplo, una lámpara.

- **Receptores Magnéticos**: producen electromagnetismo, por ejemplo, la atracción de dos partes metálicas para producir un sonido o movimiento, como ocurre en un electroimán o en los altavoces.

- **Receptores Térmicos**: Que producen calor, por ejemplo, un radiador.

- **Receptores giratorios**: que producen giro, por ejemplo, un motor.

- **Receptores Sonoros**: producen sonido, por ejemplo, un timbre.

Algunos son una mezcla como el timbre que será magnético

y sonoro.

Un motor será magnético y giratorio.

Gracias a la electricidad podemos construir bombillas, imanes, motores, timbres, etc.

Por eso es tan importante.

## Potencia Eléctrica

La potencia eléctrica la podemos definir como la cantidad de.......

¿Por qué?

Pues porque depende del tipo de receptor que estemos hablando.

**Se mide en vatios (w) y se representa con la letra P.**

La unidad de vatios a veces es muy pequeña y se utilizan los Kilovatios (Kw).

Una lámpara de 80w dará el doble de luz que una de 40w.

Pues la potencia nos define en este caso la cantidad de luz.

Si hablamos de la potencia de una lámpara hablamos de la cantidad de luz, si es de la potencia de un timbre sería para determinar la cantidad de sonido, la de un motor la cantidad de fuerza y así sucesivamente dependiendo del tipo de receptor del que hablemos.

Por este motivo podemos decir que:

La Potencia Eléctrica Determina la Cantidad de Luz, Calor,

Fuerza. etc., **dependiendo del aparato o receptor** del que estemos hablando.

Lógicamente una lámpara con más potencia dará más luz, un radiador con más potencia dará más calor y un motor con más potencia tendrá más fuerza de giro.

Eso sí, **la definición física correcta** de la potencia sería:

**La Potencia Eléctrica es la Energía absorbida o emitida (si es un generador) por un Aparato Eléctrico en un instante o momento determinado.**

Decimos aparato eléctrico, porque podemos hablar de receptores, como lámparas, motores, etc., o de generadores, como una dinamo, una pila o un alternador.

Pero creo que para entender de lo que estamos hablando cuando hablamos de potencia es mejor la definición del principio, aunque no sea técnicamente muy correcta.

**Su fórmula es P= V x I**

Tensión en voltios por Intensidad en Amperios.

También podemos definir la potencia en función del trabajo realizado tenemos que:

**La potencia es el trabajo realizado por unidad de tiempo.**

En nuestro caso el trabajo realizado por los electrones en movimiento, es decir por la corriente eléctrica al pasar por el receptor concreto.

Como el paso de la corriente no produce el mismo efecto o trabajo en una lámpara que en un motor, por eso decimos cantidad de.... dependiendo de si es un motor o una lámpara.

## Energía Eléctrica

**La energía eléctrica es la potencia por unidad de tiempo**.

**La energía se consume**, es decir, a más tiempo conectado un receptor más energía consumirá.

Pero lógicamente, también un receptor que tiene mucha potencia consumirá mucha energía.

Como vemos **la energía consumida depende de dos cosas, la potencia del receptor y del tiempo** que esté conectado.

**Su fórmula es E= P x t** (potencia por tiempo)

**Su unidad es el w x h** (vatio por hora) pero suele usarse un múltiplo que es el Kw x h (Kilovatios por hora).

Si ponemos en la fórmula la potencia en Kw y el tiempo en horas ya obtendremos la energía en Kw x h.

**Nota Importante**: **La energía se consume, la potencia no** se consume, se tiene y es siempre la misma en un receptor concreto.

## EL POLÍMETRO

El polímetro o multímetro es un **aparato de medidas eléctricas**.

Con él se pueden medir magnitudes directamente como la tensión, la intensidad y la resistencia eléctrica.

Recuerda que la Intensidad se mide en Amperios (A), la Tensión en Voltios (V) y la Resistencia en Ohmios (Ω).

Todas ellas tienen múltiplos y submúltiplos.

Por ejemplo, los amperios tienen los miliamperios (mA).

Pero aprendamos a usar el polímetro.

Lo primero es saber las partes básicas de las que consta cualquier polímetro.

Veamos estas partes en la imagen de la página siguiente.

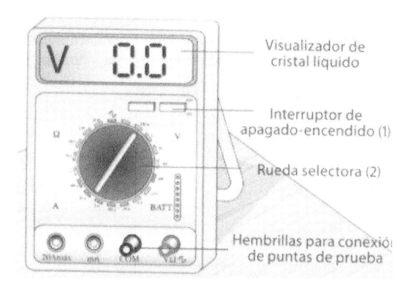

Visualizador de cristal líquido

Interruptor de apagado-encendido (1)

Rueda selectora (2)

Hembrillas para conexión de puntas de prueba

La rueda selectora deberá de ir en el sitio que queramos medir, seleccionando además el campo de medida que queramos medir, por ejemplo, Amperios, miliamperios, voltios o milivoltios, ohmios, etc.

Si se desconoce de qué orden es el valor de la magnitud a medir se debe seleccionar la máxima escala, con lo que evitarás que se pueda estropear.

Por ejemplo, si no sabemos la tensión aproximada que vamos a medir nunca se colocará en 10V, siempre en la máxima, por ejemplo, en 230V.

Si compruebas que la escala elegida es muy grande se va bajando de escala hasta que veas que es la apropiada.

Una vez hecho esto se colocan las pinzas con su cable en las hembrillas de conexión.

La negra siempre va en el agujero que pone COM (común) y

la Roja en el rojo.

**Si queremos medir intensidades en corriente alterna la roja se inserta en la de la izquierda, donde pone 20Amáx.**

20Amax = 20 amperios máximo

Para todos los demás casos en al agujero rojo.

Ahora toca medir.

## Medida de Resistencias

Una pinza en el **com** y la otra en el agujero rojo.

**OJO la resistencia se debe medir** con el circuito desconectado, **sin tensión**.

Vamos a medir la resistencia de una bombilla:

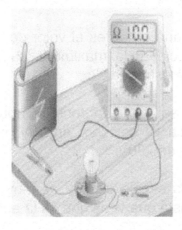

Solo debemos tocar en los extremos de la resistencia para que no salga el valor en la pantalla digital.

## Medida de Tensiones

La tensión entre dos puntos de un circuito siempre se debe medir en paralelo.

Veamos cómo medimos la tensión de la bombilla en el circuito anterior:

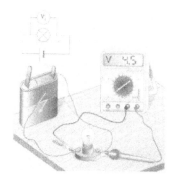

## Medida de la Intensidad

La intensidad que atraviesa un receptor siempre se debe medir en serie.

Veamos cómo mediremos la intensidad que recorre la bombilla en la práctica anterior:

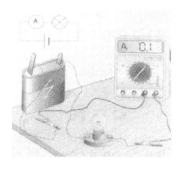

# LA LEY DE OHM

La ley de Ohm es una de las leyes fundamentales de la electricidad.

Es válida siempre y para cualquier tipo de corriente, contínua y alterna.

En un circuito donde tenemos una fuente de tensión (una batería de U voltios) y una resistencia de carga de un valor de R ohms (ohmios) se puede establecer una **relación entre la tensión "U", la resistencia "R" y la corriente "I"** que entrega la fuente a la carga (resistencia R) y que circula por el circuito cerrado.

Esta relación que establece Ohm es:

$$I = U / R$$

**Expresada de otra forma**:

El flujo de corriente en amperios que circula por un circuito eléctrico cerrado (I) es directamente proporcional a la tensión o voltaje aplicado (V), e inversamente proporcional a la resistencia en ohmios de la carga que tiene conectada, R.

De la misma manera, de la fórmula se puede despejar la tensión en función de la corriente y la resistencia.

Entonces la Ley de Ohm queda:

$$U = R \cdot I$$

¿Podrías definir la ley de ohm con esta segunda fórmula?

Al igual que en el caso anterior, si se despeja la resistencia en función del voltaje y la corriente, se obtiene la resistencia:

# R = U / I

Estas son las 3 fórmulas que podemos utilizar de la ley de ohm, aunque las 3 son las mismas.

Es interesante ver que **la relación entre la corriente y la tensión en una resistencia siempre es lineal** y la pendiente de esta línea está directamente relacionada con el valor de la resistencia.

Así, a mayor resistencia mayor pendiente.

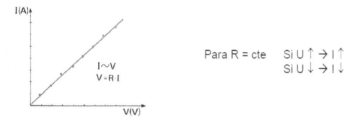

La pendiente de esta línea recta representan el valor de la resistencia.

$$\cot g\alpha = \frac{U}{I} = R$$

En la página siguiente puedes ver una tabla con las principales magnitudes eléctricas y sus fórmulas:

| MAGNITUD Y SÍMBOLO | UNIDAD Y SÍMBOLO | FÓRMULAS PARA SU CÁLCULO | | APARATOS DE MEDIDA Y SU SÍMBOLO |
|---|---|---|---|---|
| | | Ohm | Definición | |
| INTENSIDAD (I) | AMPERIO (A) | $I=\dfrac{V}{R}$ | $I=\dfrac{Q}{t}$ | AMPERÍMETRO (A) |
| TENSIÓN (V) | VOLTIO (V) | $V=IxR$ | | VOLTÍMETRO (V) |
| RESISTENCIA (R) | OHMIO (Ω) | $R=\dfrac{V}{I}$ | | ÓMETRO U OHMÍMETRO (Ω) |
| POTENCIA (P) | VATIO (W) | $P=VxI$ | | VATÍMETRO (W) |
| ENERGÍA (E) | VATIO-HORA (Wh) | $E=Pxt$ | | CONTADOR (Wh) |

28

# EL CIRCUITO ELÉCTRICO

"Un Circuito Eléctrico es un conjunto de elementos conectados entre sí por los que puede circular una corriente eléctrica".

La corriente eléctrica es un movimiento de electrones, por lo tanto, cualquier circuito debe permitir el paso de los electrones por los elementos que lo componen.

Solo habrá paso de electrones por el circuito si el circuito es un circuito cerrado.

**Los circuitos eléctricos son circuitos cerrados**, aunque podemos abrir el circuito en algún momento para interrumpir el paso de la corriente mediante un interruptor, pulsador u otro elemento del circuito.

**Partes de un Circuito Eléctrico**

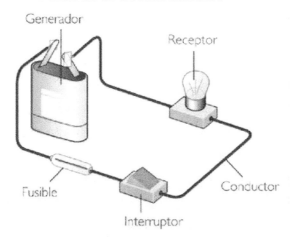

Los elementos que forman un circuito eléctrico básico son:

**Generador**: producen y mantienen la corriente eléctrica por el circuito.

Los generadores son **la fuente de energía**.

Recuerda que hay 2 tipos de corrientes: corriente continua y alterna, que más adelante veremos.

(pincha en el enlace subrayado si quieres saber más sobre c.c. y c.a.)

**Acumuladores (Pilas y baterías)**: son generadores de corriente continua (c.c.)

Normalmente almacenan energía química en su interior para convertirla en eléctrica en el exterior.

Este proceso lo realizan en las llamadas celdas, las pilas solo tienen una celda y las baterías están compuestas por varias celdas.

**Dinamos y Alternadores**: son generadores de corriente contínua (dinamos) y de corriente alterna (alternadores)

No entramos aquí en más detalles, pero puedes saber más buscando en google "Areatecnologia: Baterias y Acumuladores" o buscando Generadores Eléctricos.

**Conductores**: es por donde se mueve la corriente eléctrica de un elemento a otro del circuito.

Son de cobre o aluminio, materiales buenos conductores de la electricidad, o lo que es lo mismo que ofrecen muy poca resistencia eléctrica a que pase la corriente por ellos.

Hay muchos tipos de cables eléctricos diferentes.

**Receptores**: son los elementos que transforman la energía eléctrica que les llega en otro tipo de energía.

Por ejemplo, las lámparas eléctricas transforman la energía eléctrica en luminosa o luz, los radiadores en calor, los motores en movimiento, etc.

**Elementos de mando o control**: permiten dirigir o cortar a voluntad el paso de la corriente eléctrica dentro del circuito.

Tenemos interruptores, pulsadores, conmutadores, etc.

**Elementos de protección**: protegen los circuitos y a las personas cuando hay peligro o la corriente es muy elevada y puede haber riesgo de quemar los elementos del circuito.

Tenemos fusibles, Magnetotérmicos, Diferenciales de Luz, etc.

## SÍMBOLOS ELÉCTRICOS

Para simplificar el dibujo de los circuitos eléctricos se utilizan esquemas con símbolos.

Los símbolos representan los elementos del circuito de forma simplificada y fácil de dibujar.

Para el cálculo de los circuitos solo representaremos los receptores, los generadores y los elementos de control y mando.

Eso no quiere decir que no deban llevar también fusibles, por ejemplo.

Veamos los símbolos de los elementos más comunes que se usan en los circuitos eléctricos.

Cable conductor

Interruptor

Bombilla

Amperímetro

Resistencia

Resistencia

Termistor o
resistencia térmica

RDL (resistencia
dependiente de la luz)

Fuente de
corriente alterna

Motor

Pila

Batería

Voltímetro

Condensador

Resistencia variable

Elemento termoeléctrico

Diodo sentido permitido
(convencional)

Inductancia

Diodo emisor de luz

Toma de tierra

# TIPOS DE CORRIENTE

Hay dos tipos de corriente eléctrica: corriente continua (c.c.) y corriente alterna (c.a.)

## Corriente Contínua

La corriente continua **la producen las baterías, las pilas y las dinamos**.

Entre los extremos de cualquiera de estos generadores se genera una **tensión constante** que no varía con el tiempo y **siempre tiene el mismo valor**.

Si tuviéramos que representar la señal eléctrica de la tensión en corriente continua en una gráfica quedarían de la siguiente forma:

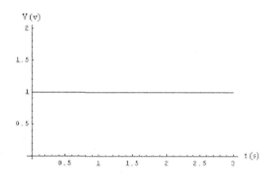

Por ejemplo, si la pila es de 12 voltios siempre tendrá 12V entre su polo + y -.

Además la corriente (**intensidad**) que circula por el circuito es constante (mismo número de electrones) y **siempre con el mismo valor**.

Si tuviéramos que representarla en una gráfica quedaría:

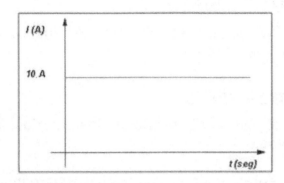

Además no varía de dirección de circulación, **siempre va en la misma dirección**, por ejemplo, siempre del polo + al -.

En corriente continua (c.c.) siempre el polo + y el negativo son los mismos.

## Corriente Alterna

Este tipo de corriente **es producida por los alternadores** y es la que **se genera en las centrales eléctricas** y la que usamos en los enchufes o tomas de corriente de las viviendas

La corriente que usamos es de este tipo.

Este tipo de corriente es la más habitual porque es la más fácil de generar y transportar.

En corriente alterna (c.a), **la intensidad varía con el tiempo y** además, **cambia de sentido de circulación** a razón de 50 veces por segundo (frecuencia de 50Hz).

Que la intensidad varía con el tiempo significa que el número de electrones es variable en el tiempo.

También **la tensión** generada entre los dos bornes (polos) **varía con el tiempo.**

**Las tensiones y las intensidades varían en forma de una onda senoidal.**

Veamos cómo es la gráfica de la tensión en corriente alterna.

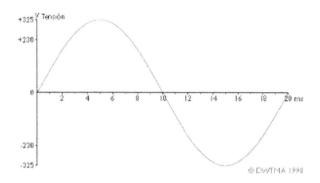

Esta onda senoidal **se genera (repite) 50 veces cada segundo**, es decir, tiene una frecuencia de 50Hz (hertzios).

Nota: en EEUU es de 60Hz.

Como vemos pasa 2 veces por 0 V (voltios) y 2 veces por la tensión máxima que es de 325V.

Es tan rápida la velocidad a la que se genera la onda que cuando no hay tensión en los receptores no se aprecia y no se nota, excepto en los tubos fluorescentes en el llamado efecto estroboscópico.

Busca efecto estroboscópico por internet si quieres profundizar más.

Además vemos como a los 10ms (milisegundos) la dirección cambia y se invierten los polos.

Después la onda llega a una tensión máxima de -325V (tensión negativa) y vuelve a 0V.

Esta onda se conoce como **onda alterna senoidal** y es la más común ya que es la que tenemos en nuestras casas, fábricas, instalaciones, etc.

La onda de la intensidad sería de igual forma que la anterior pero con los valores de la intensidad, que suelen ser más pequeños que los de la tensión.

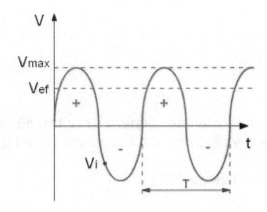

Pero....

**¿Por qué se dice que hay una tensión de 220V en los enchufes?.**

Como la tensión varía constantemente se utiliza una tensión de referencia llamada **Valor Eficaz**.

El valor eficaz es el valor que debería tener en corriente continua para que produjera el mismo efecto sobre un receptor en corriente alterna.

Es decir, si conectamos un radiador eléctrico a 220V en corriente continua (siempre constante), daría el mismo calor que si lo conectamos a una corriente alterna con tensión máxima de 325V (tensión variable).

En este caso diríamos que la tensión en alterna tiene una tensión de 220V, aunque realmente no sea un valor fijo sino variable, cuyo valor máximo es de 325V

**Estaría mejor dicho que hay una tensión con valor eficaz de 220V.**

**Esto lo podemos ver en la gráfica anterior.**

Los receptores en corriente alterna no se comportan igual que en corriente continua, excepto en el caso de las resistencias puras, como veremos más adelante..

## CIRCUITOS EN CORRIENTE CONTÍNUA

Cuando tenemos más de un receptor dentro de un circuito eléctrico podemos conectarlos de dos formas diferentes.

En corriente contínua todos los receptores se comportan y se pueden suponer una resistencia.

La intensidad, tensión y todas las demás magnitudes dependerán de cómo se conecten los receptores.

**Es muy importante que sepas las fórmulas dependiendo el tipo de conexión** ya que estas serán las mismas cuando estudiemos los circuitos en alterna, aunque en el caso de alterna, dependerá también del tipo de receptor, como más adelante se verá.

## Circuitos en Serie

Las características de los circuitos en serie son:

- Los elementos están **conectados como los eslabones de una cadena** (el final de uno con el principio del otro).

La salida de uno a la entrada del siguiente y así sucesivamente hasta cerrar el circuito.

Veamos una bombilla y un timbre conectados en serie:

- **Todos los elementos o receptores** que se conectan **en serie tienen la misma intensidad**, o lo que es lo mismo, la misma intensidad recorre todos los elementos conectados en serie.

Fíjate que la intensidad que sale de la pila (los electrones) es la misma que atraviesa cada receptor.

**It = I1 = I2 = I3 ......**

- **La tensión total** de los elementos conectados **en serie es la suma de cada una de las tensiones** en cada elemento:

**Vt = V1 + V2 + V3 ....**

- **La resistencia total** de todos los receptores conectados en serie en **la suma** de la resistencia de cada receptor.

$$Rt = R1 + R2 + R3 \ldots$$

**- Si un elemento de los conectados en serie deja de funcionar, los demás también.**

Date cuenta que si por un elemento no circula corriente, al estar en serie con el resto por los demás tampoco, ya que por todos pasa la misma corriente o intensidad (es como si se cortara el circuito).

Veamos cómo se resuelve un circuito en serie con 3 resistencias.

Lo primero será calcular la resistencia total.

**Esta resistencia total también se llama resistencia equivalente,** porque podemos sustituir todos las resistencias de los receptores en serie por una sola, su equivalente, cuyo valor será el de la resistencia total.

Hagamos un ejercicio.

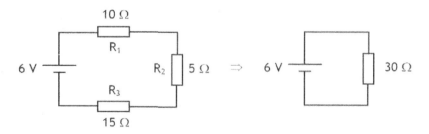

Fíjate en el siguiente circuito de 3 resistencias en serie. Tenemos que:

$$Rt = R1 + R2 + R3 = 10 + 5 + 15 = 30\Omega.$$

**El circuito equivalente** quedaría como el de la derecha con **una sola resistencia de 30 ohmios.**

Equivalente no significa igual, son circuitos diferentes pero son equivalentes porque su Tensión total, Resistencia total e Intensidad total son las mismas que las del original.

Ahora podríamos calcular la intensidad total del circuito.

Según la ley de ohm:

$$It = Vt/Rt = 6/30 = 0,2 \text{ A}$$

Que resulta que como todas las intensidades en serie son iguales:

**It = I1 = I2 = I3 = 0,2A** Todas valen 0,2 amperios.

Ahora solo nos queda aplicar la ley de ohm en cada receptor para calcular la tensión en cada uno de ellos:

$$V1 = I1 \times R1 = 0,2 \times 10 = 2V$$

$$V2 = I2 \times R2 = 0,2 \times 5 = 1V$$

$$V3 = I3 \times R3 = 0,2 \times 15 = 3V$$

Ahora podríamos comprobar si efectivamente las suma de las tensiones es igual a la tensión total:

$$Vt = V1 + V2 + V3 = 2 + 1 + 3 = 6 \text{ V}$$

Como ves resulta que es cierto, la suma es igual a la tensión total de la pila 6 Voltios.

Esta última comprobación hace que tengamos más certeza de que hemos resuelto bien el problema.

**Recuerda**: Para tener un circuito resuelto por completo es necesario que conozcas el valor de R, de I y de V del circuito total, y la de cada uno de los receptores.

En este caso sería:

Vt, It y Rt

V1, I1 y R1

V2, I2 y R2

V3, I3 y R3

Como ves, ya tenemos todos los datos del circuito por lo tanto...

¡Ya tenemos resuelto nuestro circuito en serie!.

Pueden pedirnos **calcular las potencias** en el circuito.

En este caso sabiendo la fórmula de la potencia es muy fácil:

$P = V \times I$

$Pt = Vt \times It = 6 \times 0,2 = 1,2w$

$P1 = V1 \times I1 = 2 \times 0,2 = 0,4w$

$P2 = V2 \times I2 = 1 \times 0,2 = 0,2w$

$P3 = V3 \times I3 = 3 \times 0,2 = 0,6w$

Fíjate que en el caso de las potencias la suma de las potencias de cada receptor siempre es igual a la potencia total $Pt = P1 + P2 + P3$.

Esto sucede siempre, independientemente de cómo estén

conectados los receptores.

Si **nos piden la energía consumida** en un tiempo determinado solo tendremos que aplicar la fórmula de la energía:

$E = P \times t$

Por ejemplo vamos a hacerlo por 2 horas.

$Et = Pt \times t = 1,2 \times 2 = 2,4$ wh (vatios por hora).

Si nos piden en Kwh (kilovatios por hora) antes de aplicar la fórmula tendremos que pasar los vatios de potencia a kilovatios dividiendo entre mil.

$Pt = 0,0012 \times 2 = 0,0024$ Kwh

También podríamos calcular las energía consumidas por cada receptor:

$E1 = P1 \times t$ ; $E2 = P2 \times t$ ....,

Nota: Si a la hora de calcular la energía ponemos la potencia en vatios (w) y el tiempo en horas (h) el resultado nos saldrá en vatios por hora ( w x h).

Si pusiéramos la potencia en Kw (kilovatios), serían Kw x h.

Pero eso ya lo dejamos para que lo hagas tú solito.

A continuación tienes otros dos circuitos en serie resueltos:

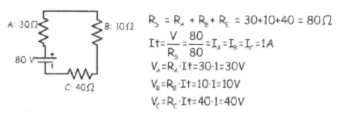

$$R_S = R_A + R_B + R_C = 10+20+30 = 60\Omega$$

$$It = \frac{V}{R_S} = \frac{180}{60} = I_A = I_B = I_C = 3A$$

$$V_A = R_A \cdot It = 10 \cdot 3 = 30V$$

$$V_B = R_B \cdot It = 20 \cdot 3 = 60V$$

$$V_C = R_C \cdot It = 30 \cdot 3 = 90V$$

**CIRCUITO SERIE**

180 V

CIRCUITO SERIE

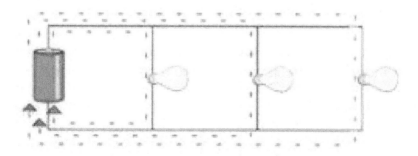

$$R_S = R_A + R_B + R_C = 30+10+40 = 80\Omega$$

$$It = \frac{V}{R_S} = \frac{80}{80} = I_A = I_B = I_C = 1A$$

$$V_A = R_A \cdot It = 30 \cdot 1 = 30V$$

$$V_B = R_B \cdot It = 10 \cdot 1 = 10V$$

$$V_C = R_C \cdot It = 40 \cdot 1 = 40V$$

Ojo que no te despiste la colocación de las resistencias en el segundo circuito, si te fijas, están una a continuación de otra, por lo tanto están en serie.

## Circuitos en Paralelo

Las características de los circuitos en paralelo son:

- Los elementos tienen **conectadas sus entradas a un mismo punto del circuito y sus salidas a otro mismo punto** del circuito.

- **Todos los elementos o receptores** conectados en paralelo **están a la misma tensión**, por eso:

**Vt = V1 = V2 = V3 .....**

- **La suma de la intensidad** que pasa por cada una de los receptores **es la intensidad total**:

**It = I1 + I2 + I3 .....**

OJO no te confundas, si te fijas, **es al revés que en serie**.

$$Rt = \cfrac{1}{\cfrac{1}{R1} + \cfrac{1}{R2} + \cfrac{1}{R3} + ....}$$

- La resistencia total o equivalente de los receptores conectados en paralelo se calcula con la siguiente fórmula:

- **Si un receptor deja de funcionar, los demás receptores siguen funcionando con normalidad**.

Este es el principal motivo por lo que la mayoría de los receptores se conectan en paralelo en las instalaciones.

Imagina que en tu casa se funde una bombilla.

Si estuvieran todas en serie todas las demás se apagarían.

Esto no sería lógico.

Vamos a calcular un circuito con 3 resistencias en paralelo.

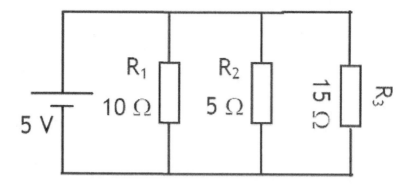

Podríamos seguir los mismos pasos que en serie, primero resistencia equivalente, luego la It, etc.

En este caso vamos a seguir otros pasos y nos evitaremos tener que utilizar la fórmula de la resistencia total, fórmula que a veces se resuelve mal.

Sabemos que todas las tensiones son iguales, por lo que:

$Vt = V1 = V2 = V3 = 5V$; todas valen 5 voltios.

Ahora calculamos la intensidad en cada receptor con la ley de ohm **I = V / R.**

I1 = V1 / R1 = 5/10 = 0,5A
I2 = V2 / R2 = 5/5 = 1A
I3 = V3 / R3 = 5/15 = 0,33A

La intensidad total del circuito será la suma de todas las de los receptores.

It = I1 + I2 + I3 = 0,5 + 1 +0,33 = 1,83

Date cuenta que la I3 realmente es 0,333333333... por lo que cometeremos un pequeño error sumando solo 0,33, pero es tan pequeño que no pasa nada.

¿Nos falta algo para acabar de resolver el circuito? Pues NO.

¡Ya tenemos nuestro circuito en paralelo resuelto!

¿Fácil no?.

Repito que podríamos empezar por calcular Rt con la fórmula,

$$Rt = \frac{1}{\dfrac{1}{R1} + \dfrac{1}{R2} + \dfrac{1}{R3} + ....}$$

Pero es más rápido de esta forma.

Una buena opción es probar con la fórmula para comprobar que nos da el mismo resultado.

Para calcular las potencias y las energías se hace de la misma forma que en serie.

P1 = V1 x I1
P2 = V2 x I2 y así sucesivamente

Por supuesto Pt = Vt x It

En el caso de la energía

E1 = P1 x tiempo; y así una por una.

Aquí te dejamos otro circuito en paralelo resuelto:

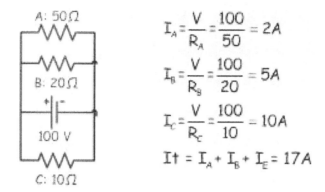

$$I_A = \frac{V}{R_A} = \frac{100}{50} = 2A$$

$$I_B = \frac{V}{R_B} = \frac{100}{20} = 5A$$

$$I_C = \frac{V}{R_C} = \frac{100}{10} = 10A$$

$$It = I_A + I_B + I_E = 17A$$

CIRCUITO PARALELO

Pasemos a estudiar ahora los circuitos mixtos, pero antes veamos un punto muy importante para su correcta resolución, **como obtener la resistencia equivalente** en este tipo de circuitos.

## Resistencia Equivalente en Circuitos Mixtos

Los circuitos mixtos son una mezcla de receptores en serie y en paralelo.

Antes de resolver algún circuito mixto veremos cómo se calcula la resistencia en este tipo de circuitos.

En estos casos tendremos que **agrupar primero las ramas en paralelo y calcular la resistencia equivalente de cada rama** hasta que al final solo tengamos un circuito con resistencias en serie.

**Primer Paso**:

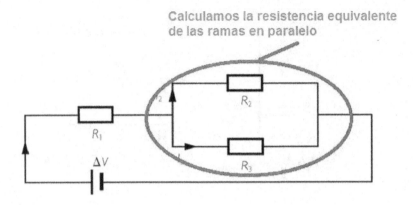

Calculamos la resistencia equivalente de las ramas en paralelo

Después, **agrupamos las resistencias en serie que nos quedan sumándose** y obtendremos la equivalente o resistencia total del circuito.

Por último, obtenemos el circuito equivalente del que sacaremos la Vt, la It y la Rt en caso de desconecerlas.

**Segundo Paso**:

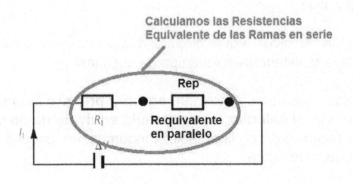

Calculamos las Resistencias Equivalente de las Ramas en serie

**Tercer Paso:**

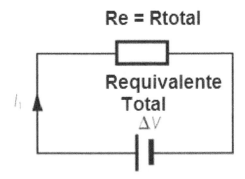

Obtenemos la Resistencia Equivalente Total o también llamada Resistencia total del circuito

Ahora sí, veamos los circuitos mixtos y verás cómo utilizamos lo de la resistencia equivalente.

## Circuitos Mixtos

Son circuitos que tienen resistencias en serie y en paralelo.

En los circuitos mixtos **siempre tenemos que llegar a reducir todas las resistencias a una sola**.

A esta resistencia la llamaremos Resistencia Equivalente del circuito y su valor es la resistencia total del circuito.

Para conseguir esto **primero reducimos todos los grupos de resistencias en paralelo** a una sola aplicando la fórmula.

Después de hecho esto, **el circuito nos quedará solo con resistencias en serie.**

Calculamos la equivalente de estas últimas en serie (sumándose) y ya tenemos la resistencia total.

Fíjate en el siguiente ejercicio y su explicación por pasos en la parte de abajo.

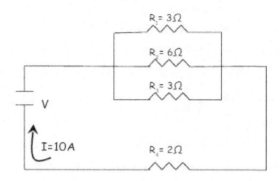

Tenemos que calcular la Resistencia Equivalente y el Voltaje del siguiente circuito mixto.

La R1, R2 y R3 están en paralelo y estas 3 en paralelo con la R4.

**Reducimos a una sola la rama de 3 resistencias en paralelo mediante la fórmula de resistencias en paralelo** que ya deberías saber.

A su equivalente la llamamos R123.

$$\frac{1}{R_{123}} = \frac{1}{R_1} + \frac{1}{R_2} + \frac{1}{R_3}$$

$$\frac{1}{R_{123}} = \frac{1}{3} + \frac{1}{6} + \frac{1}{3}$$

m.c.m = 6 , por lo tanto

$$\frac{1}{R_{123}} = \frac{2}{6} + \frac{1}{6} + \frac{2}{6} = \frac{5}{6}$$

Despejendo la $R_{123}$

$$R_{123} = \frac{6}{5} = 1,2\,\Omega$$

Ahora nos queda un circuito con R123 en serie con R4 de 2 ohmios.

Las sumamos y ya tenemos la resistencia total del circuito o también llamada equivalente, que en este caso es de 3,2 ohmios.

$$R_{eq} = R_{123} + R_4$$

$$Req = 1,2 + 2 = \underline{3,2\,\Omega}$$

Hagamos otro ejercicio.

En este ejercicio fíjate cómo llegamos al circuito equivalente desde el primer circuito:

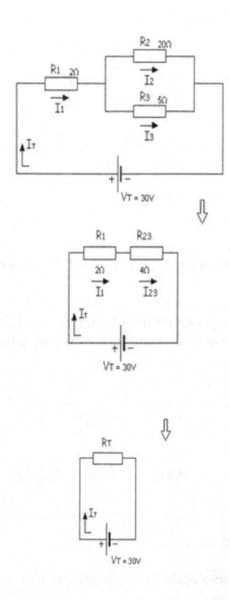

Y ahora la resolución matemática:

$$1°) \quad R_{23} = \frac{R_2 \cdot R_3}{R_2 + R_3} = \frac{20 \cdot 5}{20 + 5} = \frac{100}{25} = 4\Omega = R_{23}$$

$$R_T = R_1 + R_{23} = 2 + 4 = \underline{6\Omega = R_T}$$

$$2°) \quad I_T = \frac{V_T}{R_T} = \frac{30}{6} = \underline{5A = I_T} = I_1 = I_{23} \longrightarrow \begin{array}{l} I_1 = 5A \\[2em] I_{23} = 5A \end{array}$$

$$3°) \quad I_1 = 5A \rightarrow V_1 = I_1 * R_1 = 5 * 2 = \underline{10V = V_1}$$

$$I_{23} = 5A \rightarrow V_{23} = I_{23} * R_{23} = 5 * 4 = 20V = V_{23}$$

$$V_{23} = 20V \longrightarrow \begin{array}{l} V_2 = 20V \rightarrow I_2 = \dfrac{V_2}{R_2} = \dfrac{20}{20} = \underline{1A = I_2} \\[2em] V_3 = 20V \rightarrow I_3 = \dfrac{V_3}{R_3} = \dfrac{20}{5} = \underline{4A = I_3} \end{array}$$

$$4°) \quad \text{Comprobación:} \ I_{23} = I_2 + I_3 = 1 + 4 = 5A = I_{23} \quad OK$$

Veamos otro un poco más complicado de resistencias equivalentes en circuitos mixtos.

En el circuito de la figura de la página siguiente tenemos entre "a y c", 3 resistencias en paralelo.

Entre d y b otra rama de 2 resistencias en paralelo.

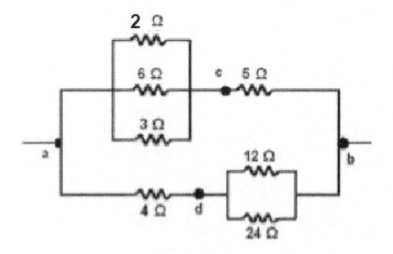

Calculamos su equivalente con la fórmula de resistencias en paralelo de la rama de arriba y de la de abajo.

$$1/R = 1/2 + 1/6 + 1/3 = 3 + 1 + 2 / 6 = 6/6$$

$$\boxed{R = 1\,\Omega}$$

$$1/R = 1/24 + 1/12 = 1 + 2 / 24 = 3/24$$

$$\boxed{R = 24/3 = 8\,\Omega}$$

El circuito que nos queda será:

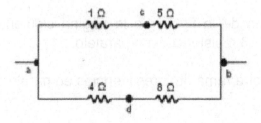

Sumamos las 2 de arriba en serie y las 2 de abajo, que también están en serie:

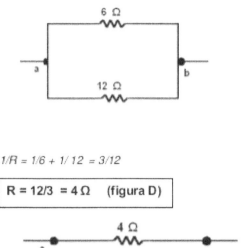

$1/R = 1/6 + 1/12 = 3/12$

R = 12/3 = 4 Ω   (figura D)

Figura D

Nos queda una resistencia total en el circuito o equivalente de valor de 4 ohmios.

Ahora **pasemos a ver ejercicios completos en circuitos mixtos**.

Recuerda que para tener el circuito calculado completamente debemos de tener las V, I y R de todas las resistencias (receptores)

En este otro problema de 3 resistencias (ejercicio N° 1) , primero las 2 resistencias en paralelo las convertimos en una sola, que llamaremos Re.

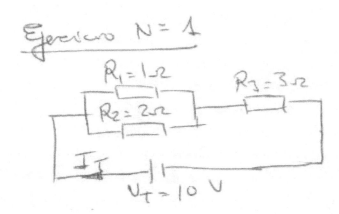

Ejercicio N = 1

$R_1 = 1\,\Omega$  $R_3 = 3\,\Omega$
$R_2 = 2\,\Omega$

$I_T$

$U_T = 10\ V$

Luego el circuito equivalente quedará con 2 resistencias en serie:

Estas dos en serie las convertimos en una sola que será la resistencia total del circuito Rt.

$$R_P = \frac{1}{\frac{1}{1} + \frac{1}{2}} = 0'66\,\Omega$$

$$R_C = R_{parable}$$

$R_C = 0'66$  $R_3 = 3\,\Omega$

$I_T$

$U_T = 10\ V$

Rt = 3 + 0,66 = 3,66 ohmios

It = 10 / 3,66 = 2,73 A

Nota las 3 rayas significa equivalente, NO igual.

El primer circuito es equivalente al segundo y el segundo es equivalente al tercero

Ahora calculamos lo demás:

I1 = 1,81 / 1 ) 1,81 A

I2 = 1,81 / 2 = 0,90 A

Y comprobamos:

It = I1 + I2 = 2,71A
It = I1 = I2 = 2, 73A

V3 = 3 x 2,73 = 8,19V
Vp = 10-8,19 = 1,81V
Vp = V1 = V2 = 1,81

La suma de Vp + V3 tendrá que salir aproximadamente 10V, que es la total.

Nota: A veces no sale exacto por culpa de los decimales, pero tiene que salir muy aproximado.

Ya tenemos todas las magnitudes calculadas.

Las comprobaciones son una forma de tener más seguridad a la hora de saber si hemos resuelto bien el ejercicio.

Es muy recomendable hacerlas.

Pero hagamos otro ejercicio más:

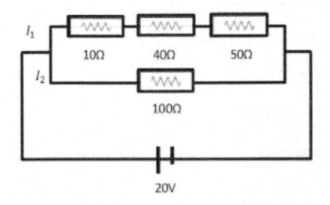

Resistencias equivalentes.

$$Rs = R_1 + R_2 + R_3 = 10\Omega + 40\Omega + 50\Omega = 100\Omega$$

$$Rp = 100\Omega$$

Resistencia relativa o total del circuito.

$$Re = \frac{1}{Rs} + \frac{1}{Rp} = \frac{1}{100\Omega} + \frac{1}{100\Omega} = \frac{2}{100\Omega} = \frac{100\Omega}{2} = 50\Omega$$

Corriente total del circuito

$$I_T = \frac{V}{Re} = \frac{20V}{50\Omega} = 0.4\ A$$

Corriente de la Intensidad 1

$$I_1 = \frac{V}{Rs} = \frac{20V}{100} = 0.2\ A$$

Corriente de la intensidad 2

$$I_2 = I_T - I_1 = 0.4\,A - 0.2\,A = 0.2\,A$$

Voltaje de la resistencia 1

$$VR_1 = I_1 * R_1 = 0.2\,A * 10\Omega = 2V$$

Para resolver estos ejercicios **también se pueden hacer mediante las llamadas leyes o ecuaciones de Kirchhoff**.

Tu decides de qué forma hacerlo. Nosotros aquí te explicamos también las famosas leyes de kirchhoff, pero en mi caso, prefiero por resistencias equivalentes.

Solo en caso de ejercicios con muchas resistencias sería más recomendable resolverlo por Kirchhoff.

## LEYES DE KIRCHHOFF

Las leyes de Kirchhoff **sirven para resolver circuitos** y conocer el comportamiento de todos sus elementos tanto activos como pasivos..

Se trata de **2 leyes**: la primera es la llamada  ley de las corrientes y la segunda ley de las tensiones.

Antes de empezar con las leyes de Kirchhoff es necesario que conozcas una serie de conceptos previos para entender mejor los enunciados.

**Elementos activos**: Son los elementos de un circuito capaces de suministrar energía al circuito. Las fuentes de tensión son elementos activos.

**Elementos pasivos**: Son los elementos de un circuito que

consumen energía. Son elementos pasivos las resistencias, las inductancias y los condensadores.

**Nudo**: Punto de un circuito donde concurren más de dos conductores

**Rama**: Conjunto de todos los elementos comprendido entre dos nudos consecutivos

**Malla**: Conjunto de ramas que forman un camino cerrado en un circuito, que no puede subdividirse en otros ni pasar dos veces por la misma rama.

Por ejemplo, en el siguiente circuito:

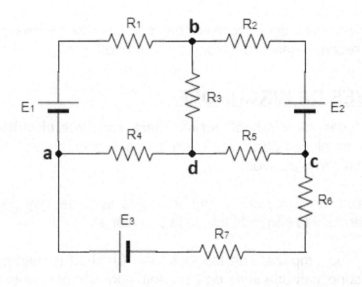

Los elementos activos son los generadores:

$$E_1 \quad E_2 \quad E_3$$

Los elementos pasivos son las resistencias:

$$R_1 \quad R_2 \quad R_3 \quad R_4 \quad R_5 \quad R_6 \quad R_7$$

a, b, c y d son los nudos del circuito.

Tenemos seis ramas: ab, bd, bc, ad, dc y ac y tres mallas: abda, dbcd y adca.

## Primera Ley de Kirchhoff: Ley de las corrientes de Kirchhoff

Las corrientes que entran y salen de un nudo están relacionadas entre sí por la ley de las corrientes de Kirchhoff, cuyo enunciado es el siguiente:

«La suma algebraica de todas las intensidades que llegan a un nudo es igual a la suma algebraica de todas las intensidades que salen del nudo, consideradas todas ellas en el mismo instante de tiempo»:

$$\sum I_{entrantes} = \sum I_{salientes}$$

Por ejemplo, en el nudo que puedes ver en la página siguiente, nudo «a», llegan las intensidades I1, I2 e I3 y salen las intensidades I4 e I5:

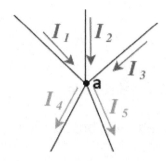

Por tanto, aplicando la primera ley de Kirchhoff nos quedaría:

$$I_1 + I_2 + I_3 = I_4 + I_5$$

La primera ley de Kirchhoff **también se puede enunciar** como que «la suma algebraica de todas las intensidades que concurren en un nudo es igual a cero»:

$$\sum I = 0$$

Se adopta el convenio de considerar positivas a las intensidades que llegan y negativas a las intensidades que salen.

Nota: da lo mismo hacerlo de esta forma que de la otra, el resultado siempre será el mismo

En el nudo del ejemplo anterior:

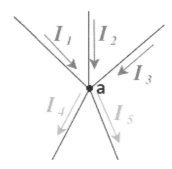

Aplicando la ley de las corrientes de Kirchhoff con este segundo enunciado nos queda:

$$I_1 + I_2 + I_3 - I_4 - I_5 = 0$$

## Segunda Ley de Kirchhoff: Ley de las tensiones de Kirchhoff.

El voltaje generado en un circuito se consume en las caídas de tensión que se producen en todas las resistencias conectadas en el mismo, ya que por la ley de Ohm, la tensión es igual al producto de la intensidad por la resistencia ($V=I.R$).

Las tensiones generadas y las caídas de tensión producidas en los receptores se relacionan entre sí por la ley de las tensiones de Kirchhoff, cuyo enunciado dice así:

«En toda malla o circuito cerrado, la suma algebraica de todas las tensiones generadas debe ser igual a la suma algebraica de las caídas de tensión en todas las resistencias a lo largo de la malla»:

$$\sum E = \sum I.R$$

Si el sumatorio del segundo miembro lo pasamos al primer miembro nos queda:

$$\sum E - \sum I.R = 0$$

Expresión que nos permite enunciar la segunda ley de Kirchhoff de esta forma:

«La suma algebraica de las tensiones a lo largo de una malla o circuito cerrado es igual a cero».

### Convenio de signos en la segunda ley de Kirchhoff

Para aplicar esta ley, debemos tener en cuenta si la tensión del generador o la caída de tensión del receptor es positiva o negativa y esto lo establecemos con un convenio de signos.

Ojo, los convenios de signos que te voy a indicar a continuación son válidos en esta expresión:

$$\sum E = \sum I.R$$

ya que en la otra expresión que está igualada a cero, los signos de I.R cambiarían.

En los generadores, el convenio de signos para la tensión es el siguiente:

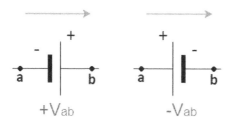

-Cuando recorremos un generador desde el borde negativo hasta el positivo, la tensión es positiva.

-Cuando recorremos un generador desde el borde positivo hasta el negativo, la tensión es negativa.

La flecha indica el sentido con el que se recorre la malla.

En las resistencias, el convenio de signos para la caída de tensión es:

-La caída de tensión será positiva si el sentido de la intensidad que circula por ella coincide con el sentido con el que se recorre la malla.

-La caída de tensión será negativa si el sentido de la intensidad que circula por ella es contrario al sentido con el que se recorre la malla.

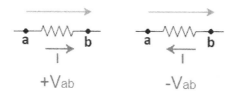

Vamos a ver un ejemplo:

Vamos a aplicar la segunda ley de Kirchhoff al siguiente circuito en la malla con sentido a-b-d-a, donde tenemos también el sentido de las intensidades (veremos más abajo en el ejercicio cómo establecer el sentido de las intensidades):

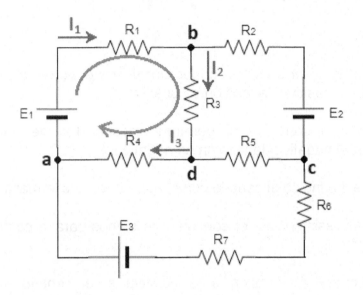

Aplicamos la siguiente fórmula:

$$\sum E = \sum I.R$$

Para E1, el recorrido va del polo positivo al negativo, luego la tensión es positiva.

En las tres resistencias, la intensidad y el sentido con el que se recorre la malla es el mismo.

$$E_1 = I_1.R_1 + I_1.R_2 + I_1.R_3$$

66

Ahora, pasamos todos los términos del segundo miembro restando al primer miembro y nos queda:

$$E_1 - I_1.R_1 - I_1.R_2 - I_1.R_3 = 0$$

Es decir, nos queda que la suma de tensiones generadas, menos la suma de las caídas de tensión en los receptores es igual a cero:

$$\sum E - \sum I.R = 0$$

## Ejemplos de Resolución por Kirchhoff

El primer ejemplo que haremos será un ejercicio simple, que ya resolvimos por el método de resolución de resistencias en paralelo, pero que ahora lo vamos a resolver por Kirchhoff.

### CIRCUITO POR KIRCHHOFF

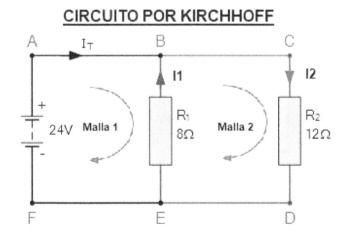

**Ley de los nudos**: Corrientes que entran igual a corrientes que salen de cada nudo:

67

## Nudo B ==> $IT + I1 = I2$

**Ley de las Mallas**: La suma de las fuerzas electromotrices (tensiones en las pilas) más las caídas de tensiones en las resistencias es igual a 0.

Malla 1 => 24V - (I1 x 8) = 0 ==> 24 = 8 x I1 ==> I1 = 24/8 = 3A

Malla 2 =>  - (8 x I1) + ( 12 x I2) = 0 => - (8 x 3) = - 12 x I2  ==>

-24 = - (12 x I2) ==> I2 = 24/12 = 2A

De la ecuación de los nudos tenemos:

It = I2 = I1 = 2 – 3 = 1A

Que salga negativa significa que el sentido que le dimos a esa intensidad inicialmente está mal, es al revés.

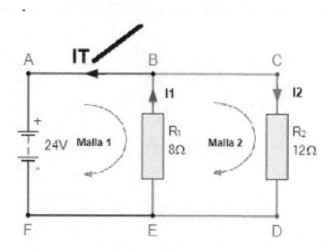

Fíjate cómo hemos cambiado el sentido en el esquema del circuito respecto a como estaba en el primer circuito del problema.

Es deseable que esto se especifique para terminar correctamente el ejercicio
.

Hagamos otro ejercicio:

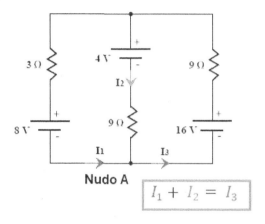

$$I_1 + I_2 = I_3$$

Otro un poco más complicado, con 3 mallas.

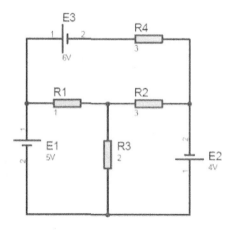

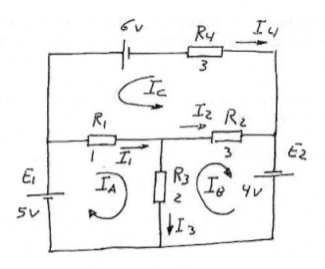

A: $5 = 3I_A - 2I_\theta + I_c$

B: $Y = -2I_A + 5I_\theta + 3I_c$

C: $6 = I_A + 3I_\theta + 7I_c$


A: $I_c = 5 - 3I_A + 2I_\theta$

B: $Y = -2I_A + 5I_\theta + 3(5 - 3I_A + 2I_\theta)$

C: $6 = I_A + 3I_\theta + 7(5 - 3I_A + 2I_\theta)$


B: $-11 = -11 I_A + 11 I_\theta$

C: $-29 = -20 I_A + 17 I_\theta$

# Valores reales

$$I_1 = I_A + I_C = 4 - 1 = \boxed{3\ A}$$

$$I_2 = I_\theta + I_C = 3 - 1 = \boxed{2\ A}$$

$$I_3 = I_A - I_\theta = 4 - 3 = \boxed{1\ A}$$

$$I_4 = -I_C = -(-1) = \boxed{1\ A}$$

$$V_{R_1} = I_1 \cdot R_1 = 3 \cdot 1 = \boxed{3\ V}$$

$$V_{R_2} = I_2 \cdot R_2 = 2 \cdot 3 = \boxed{6\ V}$$

$$V_{R_3} = I_3 \cdot R_3 = 1 \cdot 2 = \boxed{2\ V}$$

$$V_{R_4} = I_4 \cdot R_4 = 1 \cdot 3 = \boxed{3\ V}$$

Para simplificar la resolución de circuitos por Kirchhoff, **el físico y matemático Maxwell** desarrolló una nueva forma de resolverlos mediante las llamadas corrientes de malla.

Gracias a este método es posible resolver los circuitos por Kirchhoff pero con solo 2 ecuaciones con 2 incógnitas.

Para aprender este método busca en areatecnologia Ecuaciones de las Mallas o de Maxwell ya que en este curso no lo estudiaremos: .

71

En muchas ocasiones utilizar otras leyes o teoremas eléctricos nos simplifican los cálculos.

Dos de los más utilizados para esto son el de thevenin y el de Norton.

## TEOREMA DE THEVENIN

Thevenin descubrió cómo simplificar un circuito, por muy complicado y grande que sea, en un pequeño circuito con una resistencia y una fuente de tensión en serie.

Imagina que tienes un circuito con muchas resistencias (impedancias en corriente alterna) y quieres calcular la tensión, la intensidad o la potencia que tiene una de esas resistencias del circuito, o entre los puntos A y B que es donde estaría conectada esa resistencia dentro del circuito grande.

Thevenin lo resuelve haciendo un circuito equivalente pequeño con una resistencia y una fuente de tensión en serie cuyos valores son llamados resistencia de thevenin y tensión de thevenin.

A la resistencia del circuito original entre los puntos A y B la llamaremos resistencia de carga (load en inglés) RL.

Los valores de thevenin son como si fueran los "Valores de resistencia y tensión que se verían en el circuito desde los puntos A y B o desde la RL".

Si mido con el polímetro la tensión entre los puntos A y B sería la misma que la que calcularemos y llamaremos tensión de thevenin, y si midiera con el polímetro la resistencia entre los puntos A y B, quitando la resistencia original (de carga), nos medirá la Resistencia de Thevenin.

Fíjate en la imagen de la página siguiente:

# TEOREMA DE THEVENIN

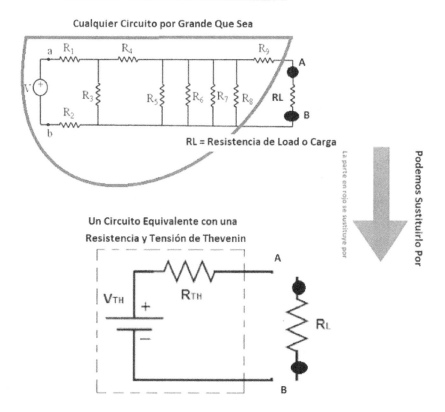

Una vez calculado estos valores (RTH y VTH), la resistencia de carga se puede volver a conectar a este "circuito equivalente de Thevenin" y podemos calcular la intensidad que circula por ella y/o la tensión que tendría pero mediante el circuito de thevenin, circuito muy sencillo de calcular.

73

La ventaja de realizar la "conversión de Thevenin" al circuito más simple, es que la tensión de carga y la corriente de carga sean mucho más fáciles de resolver que en el circuito original.

Además la RL puede cambiar de valor, pero los valores de thevenin siguen siendo los mismos, con lo que aunque cambiemos la carga, la solución con la nueva carga se hace muy sencilla.

Veamos cómo podemos calcular la RTH y VTH (resistencia y tensión de thevenin) y simplificar el circuito.

Luego haremos algunos ejercicios de demostración explicados.

Si te fijas en la imagen de arriba, todo el circuito en rojo es el que vamos a simplificar por uno equivalente de thevenin.

## Cálculo de la Resistencia de Thevenin

El valor de la resistencia del circuito equivalente llamada RTH (resistencia de thevenin) se calcula haciendo en el circuito original cortocircuito en las fuentes de tensión (como si fuera un conductor) y haciendo las fuentes de intensidad como si fueran un interruptor abierto (circuito abierto).

Una vez hecho esto calculamos la resistencia total del circuito tal y como nos quedaría.

Para calcular la resistencia equivalente, total o en nuestro caso de thevenin, podemos utilizar el método que mejor sepamos.

Por ejemplo, agrupando las resistencias en paralelo para convertirlas en una sola y que al final nos queden solo resistencias en serie en el circuito y que al sumarlas nos salga la resistencia total o en este caso de thevenin.

OJO si estamos en un circuito de corriente alterna tendremos que calcular la impedancia equivalente.

## Cálculo de la Tensión de Thevenin

Para calcular el valor de la tensión de thevenin tenemos que calcular la tensión que habría entre los puntos A y B del circuito original.

Para esto podemos ir haciendo un análisis del circuito sumando y restando los valores de las fuentes de tensión y las caídas de tensión en las resistencias según las leyes de Kirchhoff o la ley de ohm o como mejor sepamos.

**Resumiendo lo visto:**

- El teorema de Thevenin es una forma de reducir un circuito grande a un circuito equivalente compuesto por una única fuente de voltaje, resistencia en serie y carga en serie.

**Pasos a seguir para el Teorema de Thevenin:**

1°) Encuentra la resistencia de Thevenin eliminando todas las fuentes de alimentación en el circuito original (fuentes de tensión en cortocircuito y fuentes de corriente abiertas) y calculando la resistencia total entre los puntos de conexión de la resistencia de carga.

2°) Encuentra la tensión de la fuente de Thevenin eliminando la resistencia de carga del circuito original y calculando el voltaje a través de los puntos de conexión abiertos donde solía estar la resistencia de carga (A y B).

3°) Dibuja el circuito equivalente de Thevenin, con la fuente de tensión de Thevenin en serie con la resistencia de Thevenin. La resistencia de carga se vuelve a conectar entre los dos puntos abiertos del circuito equivalente (A y B).

4°) Analiza la tensión y corriente para la resistencia de carga siguiendo las reglas para circuitos en serie.
Veamos un ejercicio resuelto por thevenin.

Partimos del circuito original y vamos calculando valores hasta llegar al circuito equivalente del teorema de thevenin.

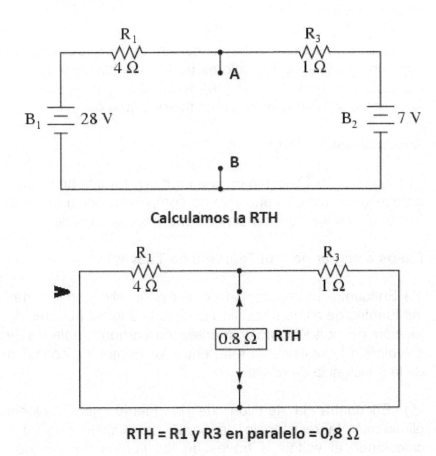

**Calculamos la RTH**

**RTH = R1 y R3 en paralelo = 0,8 Ω**

Ya tenemos la Resistencia de Thevenin, ahora pasemos a calcular la tensión de thevenin entre los puntos A y B.

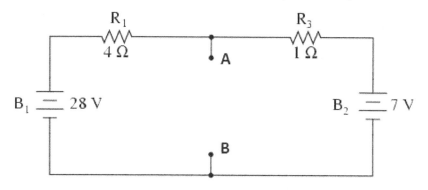

## Calculamos la VTH

|   | $R_1$ | $R_3$ | Total |   |
|---|---|---|---|---|
| E | 16.8 | 4.2 | 21 | Volts |
| I | 4.2 | 4.2 | 4.2 | Amps |
| R | 4 | 1 | 5 | Ohms |

**E = Tensión; I = Intensidad; R = Resistencia.**

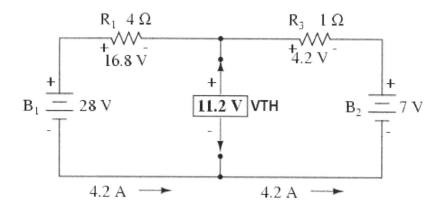

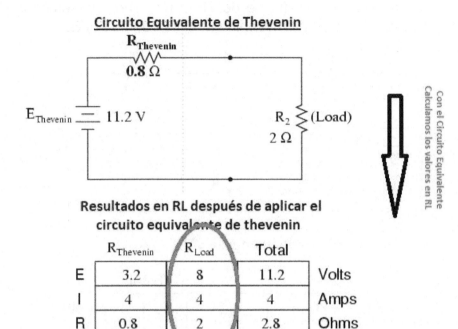

## Circuito Equivalente de Thevenin

$R_{Thevenin}$ 0.8 Ω

$E_{Thevenin}$ 11.2 V

$R_2$ (Load) 2 Ω

Con el Circuito Equivalente Calculamos los valores en RL

### Resultados en RL después de aplicar el circuito equivalente de thevenin

|   | $R_{Thevenin}$ | $R_{Load}$ | Total |   |
|---|---|---|---|---|
| E | 3.2 | 8 | 11.2 | Volts |
| I | 4 | 4 | 4 | Amps |
| R | 0.8 | 2 | 2.8 | Ohms |

## TEOREMA DE NORTON

Es un teorema dual con el teorema de thevenin, es decir que sirven para lo mismo, simplificar un circuito muy grande para calcular valores entre 2 puntos del circuito donde tendremos la llamada Resistencia de Carga (R Load).

Como verás a continuación, si sabes el teorema de thevenin el teorema de Norton será muy fácil.

El teorema de Norton nos dice que podemos simplificar un circuito, por muy grande que sea, en un circuito con una fuente de intensidad de valor de Norton IN en paralelo con una resistencia llamada Resistencia de Norton.

## TEOREMA DE NORTON

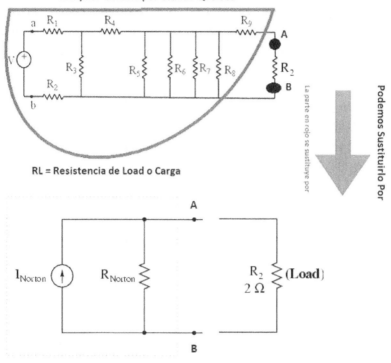

**Cualquier Circuito por Grande Que Sea**

RL = Resistencia de Load o Carga

*La parte en rojo se sustituye por*

**Podemos Sustituirlo Por**

- Resistencia de Norton RN = Resistencia de Thevenin
- Intensidad de Norton IN = Tensión de Thevenin/ Resistencia de Thevenin

$$= VTH / ITH$$

Es muy similar al de thevenin, pero en este caso tenemos una fuente de intensidad y una resistencia en paralelo.

Para calcular la Resistencia de Norton es muy fácil, tiene el mismo valor que la de Thevenin.

Para calcular el valor de la fuente de intensidad de Norton se hace aplicando la ley de ohm en el teorema de thevenin, es decir, el valor de la Intensidad de la fuente de corriente del teorema de Norton es la tensión de thevenin dividido entre la resistencia de thevenin.

¿Fácil NO?.

Otra forma para calcular esta corriente de Norton es cortocircuitar los dos puntos donde está situada la resistencia de carga (A y B) y calcular en el circuito original qué intensidad pasa por ahí.

Resumiendo:

El Teorema de Norton es una forma de reducir una red a un circuito equivalente compuesto por una única fuente de corriente, resistencia paralela y carga paralela.

Pasos a seguir para el Teorema de Norton:

1º) Encuentra la resistencia Norton eliminando todas las fuentes de alimentación en el circuito original (fuentes de tensión en cortocircuito y fuentes de corriente abiertas) y calculando la resistencia total entre los puntos de conexión abiertos.

2º) Encuentra la corriente de fuente Norton eliminando la resistencia de carga del circuito original y calculando la corriente a través de un cortocircuito (cable) que salta a través de los puntos de conexión abiertos donde solía estar la resistencia de carga.

3º) Dibuja el circuito equivalente de Norton, con la fuente de corriente Norton en paralelo con la resistencia Norton.
La resistencia de carga se vuelve a conectar entre los dos puntos abiertos del circuito equivalente.

4°) Analice voltaje y corriente para la resistencia de carga siguiendo las reglas para circuitos paralelos.

Veamos un ejemplo:

### Simplificar el siguiente circuito por Thevenin y Norton

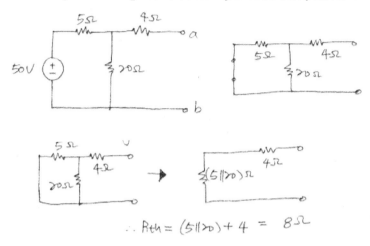

$$\therefore R_{th} = (5 \| 20) + 4 = 8\Omega$$

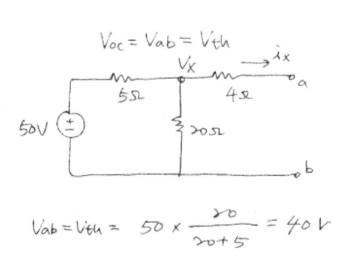

$$V_{ab} = V_{th} = 50 \times \frac{20}{20+5} = 40 V$$

## Circuito Equivalente de Thevenin

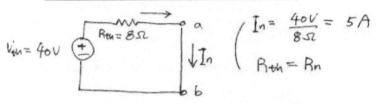

$$I_n = \frac{40V}{8\Omega} = 5A$$

$$R_{th} = R_n$$

$V_{th} = 40V$  $R_{th} = 8\Omega$

## Circuito Equivalente de Norton

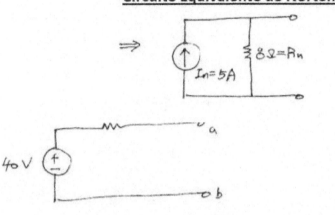

$I_n = 5A$  $8\Omega = R_n$

$40V$

## Circuito Equivalente de Norton

$V_{th} = 40V$  $R_{th} = 8\Omega$  $\downarrow I_n$

$$I_n = \frac{40V}{8\Omega} = 5A$$

$$R_{th} = R_n$$

Ahora intenta simplificar el siguiente circuito por thevenin y descubrir la intensidad y el voltaje en la carga:

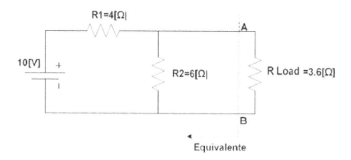

Equivalente

Quitar la carga RL y anular la fuente de energía

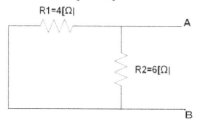

$$R_{TH} = R1 // R2 = \frac{R1\,R2}{R1 + R2} = \frac{4 \cdot 6}{4 + 6} = \frac{24}{10} = 2.4\Omega$$

Calcular voltaje Thevenin

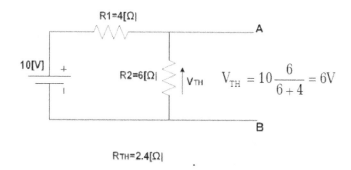

$$V_{TH} = 10\frac{6}{6 + 4} = 6V$$

$R_{TH} = 2.4[\Omega]$

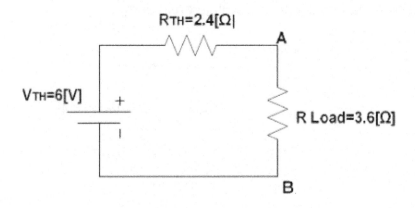

$$i_L = \frac{V_{TH}}{R_{TH} + R_L} = \frac{6}{2.4 + 3.6} = \frac{6}{6} = 1[A]$$

$$V_L = i_L \cdot R_L = 1 \cdot 3.6 = 3.6[V]$$

Este último te dejamos que lo resuelvas tú por Norton, eso sí, te dejamos la solución.

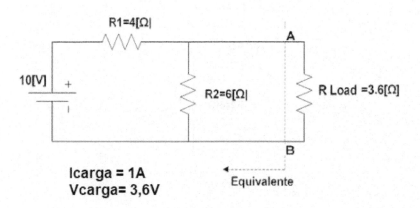

Icarga = 1A
Vcarga= 3,6V

Ahora pasemos a estudiar los circuitos en corriente alterna.

# CIRCUITOS CORRIENTE ALTERNA

## Tipos de Receptores en Alterna

Los receptores eléctricos, motores, lámparas, etc., cuando se conectan en un circuito de corriente alterna (c.a.) se pueden comportar de 3 formas diferentes.

- Como **Receptores Resistivos puros**. Solo tienen resistencia pura. Se llaman receptores R o Resistivos.

Son los vistos hasta ahora.

Estos se comportan igual en corriente contínua que en corriente alterna.

RESISTENCIA = RESISTIVO

- Como **Receptores Inductivos puros**. Solo tienen un componente inductivo puro (bobina). Se llaman L o inductivos.

BOBINA = INDUCTIVO

85

- Como **Receptores Capacitivos puros**. Solo tienen un componente capacitivo (condensadores). Se llaman C o capacitivos.

Capacitor

Fíjate un ejemplo de un circuito con los 3 tipos de receptores en corriente alterna y en serie.

### CIRCUITO DE CORRIENTE ALTERNA

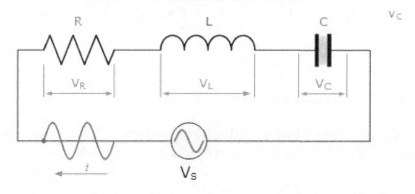

Pero **en realidad no hay ningún receptor R, L o C puro**, ya que por ejemplo, la bobina de un motor será un receptor inductivo, pero al ser un conductor también tendrá una resistencia, y por lo tanto, también tendrá un componente resistivo, por lo que realmente será un receptor RL

RL = resistencia y bobina

Incluso el motor también tiene una parte capacitiva, por lo que en realidad será un receptor RLC.

Aunque no tengamos receptores puros R, L o C, para comenzar con el estudio de los circuitos eléctricos en corriente alterna es mejor estudiar primero cada uno de ellos por separado, para posteriormente estudiar los circuitos reales RLC.

Antes de empezar a ver como son y cómo se resuelven los circuitos en corriente alterna, es necesario tener claro unos conceptos previos sobre la corriente alterna que veremos a continuación.

## Valores Instantáneos y Eficaces en Alterna

Las ondas de corriente alterna que producen los alternadores y son ondas senoidales:

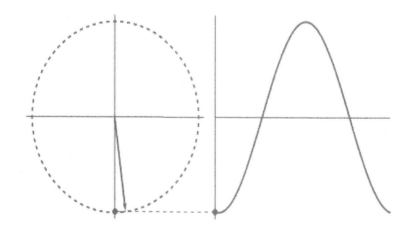

Producen la misma onda 50 veces cada segundo, o lo que es lo mismo, tienen una frecuencia de 50Hz.

A continuación puedes ver la onda generada:

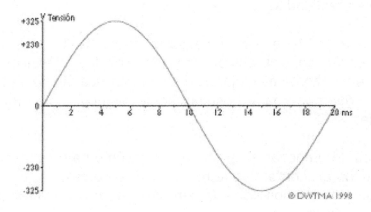

Los valores instantáneos de la onda, que pueden ser de la tensión o la intensidad en un circuito eléctrico, **podemos deducirlos por trigonometría**.

**Repasa cálculos en el triángulo rectángulo**, aunque aquí te dejamos un resúmen en la página siguiente donde realmente puedes ver las únicas fórmulas de trigonometría que te hacen falta saber:

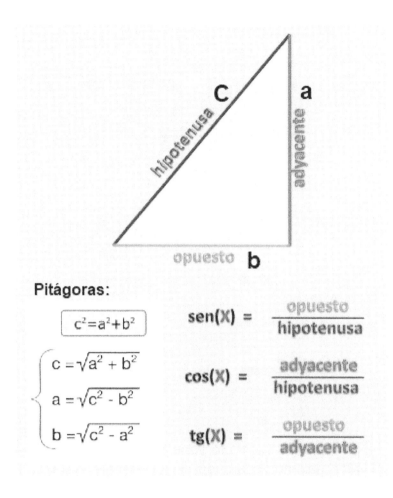

**Pitágoras:**

$$c^2 = a^2 + b^2$$

$$\begin{cases} c = \sqrt{a^2 + b^2} \\ a = \sqrt{c^2 - b^2} \\ b = \sqrt{c^2 - a^2} \end{cases}$$

$$sen(X) = \frac{opuesto}{hipotenusa}$$

$$cos(X) = \frac{adyacente}{hipotenusa}$$

$$tg(X) = \frac{opuesto}{adyacente}$$

Ahora fíjate en la imagen de abajo en el **valor en cada instante** de la onda senoidal formada por una corriente alterna, la **v minúscula**.

Para un ángulo de giro α (alfa), la v en cada instante es el valor de la parte roja del triángulo rectángulo.

Ahora vayamos a nuestra onda de la corriente alterna y anañicemos qué podemos obtener.

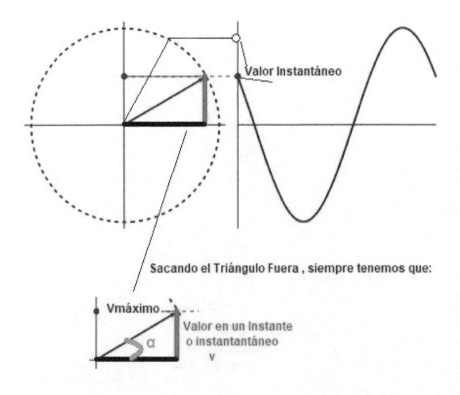

Valor Instantáneo

Sacando el Triángulo Fuera , siempre tenemos que:

Vmáximo

α

Valor en un Instante o instantantáneo

v

La hipotenusa del triángulo tiene siempre el mismo valor y es el valor máximo de la onda, al que llamaremos Vo.

El valor máximo es siempre el mismo, no cambia.

Del triángulo rectángulo, por trigonometría obtenemos el valor del seno del ángulo:

**seno α = Valor instantáneo / Valor máximo**

Despejando el valor instantáneo, que es el que realmente queremos conocer, tenemos que:

v = seno α x Valor máximo; Llamando:

v = valor instantáneo
V$_o$= valor máximo
α = ángulo alfa, ángulo en en el instánte que queremos saber v

$$v = Vo \times seno \, \alpha$$

Esta es la ecuación o función de una onda de corriente alterna, donde podemos obtener los diferentes valores que va tomando la onda en cada instante.

Además:

w = velocidad angular = espacio / tiempo = α / t
w = α / t ==> Despejando α = w x t; podemos poner la fórmula en función de estos valores, en lugar del ángulo:

$$v = Vo \times seno \, wt$$

También sabemos que:

w = 2 x π x f ; donde f es la frecuencia de la onda (50Hz en Europa)

Poniendo estos valores en la fórmula tenemos:

$$v = Vo \times seno \, (2 \times \pi \times f \times t)$$

**OJO el ángulo se pone siempre en radianes** para hacer los cálculos.

Por último calcular la Vo (tensión máxima) en función de la

tensión eficaz, donde siempre se cumple que:

$$V_o = \sqrt{2} \times V$$

**Si hablamos de un alternador, estos valores serían los valores de Tensión Instantánea** que genera un alternador de corriente alterna en sus bornes.

**En un receptor serían los valores de la tensión instantánea** a la que se conecta en alterna (tensión en sus bornes).

Si ahora conectamos un receptor a los bornes de un alternador comenzará a circular una intensidad de corriente que atravesará el receptor y tendremos un circuito en corriente alterna.

La onda de la intensidad que atraviesa el receptor será también senoidal, igual que la de la tensión que la genera, pero con valores instantáneos diferentes.

Su función o ecuación sería:

**i = Io x seno wt**

Recuerda que **w es la velocidad de la onda**, pero como es senoidal, es velocidad angular y su valor es:

w = 2 x pi x f;

Donde f es la frecuencia, en nuestro caso 50Hz.

Estos valores de w **siempre se ponen en radianes** para hacer los cálculos y también se puede llamar **frecuencia angular**.

Esta ecuación, la de la intensidad instantánea, sería si la onda de la intensidad comenzara y terminara en el mismo sitio que la de la tensión.

Es decir, que fueran las dos ondas juntas, o mejor dicho, si tuvieran las dos ondas el mismo ángulo α (alfa) siempre.

Pero resulta que la onda de la tensión y la de la intensidad **pueden estar desfasadas**, es decir que no empiecen a la vez.

**Dependiendo del receptor, ya sea resistivo, inductivo o capacitivo, la onda de la intensidad comenzará a la vez, estará retrasada o adelantada con respecto a la onda de la tensión**.

Por eso empezamos por los tipos de receptores, porque como veremos los desfases dependen del tipo que esté en el circuito.

Veamos esto más desarrollado, ya que **esto es la gran diferencia entre la cc y la ca**.

## Fasores

En c.a., aunque la forma de la onda de la tensión y la intensidad es igual (senoidal), el comienzo de cada onda no tiene por qué coincidir, como ya dijimos.

Por ejemplo, puede darse el caso de que analizando una onda de la tensión y de intensidad en un receptor cualquiera, resulta que la onda de la intensidad empieza más tarde o más temprano que la de la tensión (**sólo en los receptores resistivos puro están en fase**, como luego veremos).

Fíjate en las siguientes ondas:

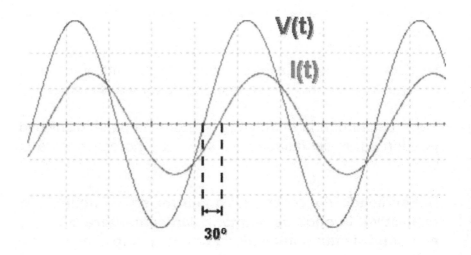

Si te fijas en la gráfica de arriba la onda de la tensión está adelantada 30° respecto a la onda de la intensidad.

Comienza antes la onda de la tensión que la de la intensidad.

Este ángulo de desfase le llamaremos φ (fi) y el cose φ se conoce como **factor de potencia**, factor que más adelante estudiaremos.

Este desfase y el hecho de que son valores instantáneos que cambian con el tiempo, hace muy complicado el estudio de los circuitos en corriente alterna.

Para facilitarnos su estudio **se convierten las magnitudes en alterna en magnitudes vectoriales**, donde el vector de la magnitud tendrá un módulo que será el valor eficaz, y un ángulo, que será el desfase con respecto a otra magnitud.

En el caso de la onda anterior quedaría:

# Representación fasorial equivalente

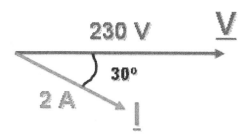

**En corriente alterna, las tensiones, intensidades, etc. deben de tratarse como vectores**, en lugar de números enteros.

**La onda de la tensión y la intensidad en corriente alterna podemos representarlas mediante su vector giratorio, llamado "fasor".**

Estos vectores nos permitirán hacer los cálculos en los circuitos de corriente alterna, aunque en realidad son ondas senoidales.

Considerando uno de los 2 valores, por ejemplo la tensión en ángulo 0°, el fasor de la tensión será un vector de módulo su valor eficaz, y su ángulo 0°.

El fasor de la intensidad producida al conectar un receptor cualquiera a esa tensión, será un vector donde su módulo es el valor eficaz de la intensidad, y el ángulo del fasor de la intensidad será el ángulo de desfase con respecto a la tensión anterior.

Puedes ver una simulación buscando en google: Simulación de Fasores

OJO podemos considerar en el ángulo 0° a la intensidad en lugar de a la tensión, entonces el desfase se considera el de la tensión.

Fíjate en los siguientes fasores, los dos casos son el mismo:

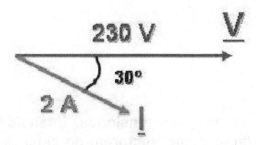

**Tension: 230V**
**Intensidad: 2A retrasada 30°**

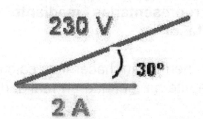

**Intensidad: 2A**
**Tensión: 230V Adelantada 30°**

Es lo mismo decir que tenemos una tensión de 230V con una intensidad de 2A retrasada 30°, que decir una intensidad de 2A con una tensión adelantada 30°.

Eso sí, **una vez que elegimos una magnitud como referencia** (tensión o intensidad), **todas las demás**

**deberemos situarlas en ese punto de 0°.**

Veremos más adelante que para los circuitos en serie, como la intensidad no cambia y es siempre la misma en todos los receptores, es mejor cogerla como referencia.

En paralelo cogeremos como referencia la tensión, que es la que no cambia en estos casos.

Además, **al trabajar con valores eficaces**, que son **los que podemos obtener al medir con el polímetro**, nos facilitará mucho el trabajo a la hora de realizar los cálculos en los circuitos de corriente alterna, ya que **son valores fijos**, siempre los mismos.

Recordamos también que en España y Europa la frecuencia de las ondas en c.a. es siempre fija y es de 50Hz (hertzios).

Esto quiere decir que la onda de la tensión o de la intensidad recorren (dibujan) un ciclo de la onda completa 50 veces en un segundo y una onda completa se genera en 20 milisegundos.

Dado que a partir de ahora el valor más representativo de una magnitud eléctrica senoidal va a ser su valor eficaz, V mayúscula (**V**) y su desfase, recordamos que:

$$\text{Vmax} = \text{Vo} = \text{Veficaz} \times \sqrt{2}$$

SI nos diesen la ecuación o función de una onda de corriente alterna, como en la ecuación de la onda ya tenemos el valor máximo, si queremos calcular el valor eficaz sería:

**v = Vo sen wt**

**Veficaz = Vo / $\sqrt{2}$.**

Recuerda: los valores eficaces de la tensión y de la intensidad son los más utilizados, y son los que nos miden los aparatos de medida como el polímetro.

¿Te acuerdas qué significado tiene realmente el valor eficaz?

Te lo recordamos por si acaso.

El valor eficaz es el que debería tener en corriente continua (valor fijo) un receptor para que produjera el mismo efecto sobre el pero conectado a una corriente alterna (variable).

Es decir, si conectamos un radiador eléctrico a 230V en corriente continua (siempre constante), daría el mismo calor que si lo conectamos a una corriente alterna con tensión máxima de 325V (tensión variable).

En este caso diríamos que la tensión en alterna tiene una tensión de 230V, aunque realmente no sea un valor fijo sino variable.

Estaría mejor dicho que hay una tensión con valor eficaz de 230V.

Exactamente el valor eficaz de la intensidad es:

$$I = Io\ /\ \sqrt{2}$$

OJO en monofásica, en trifásica es dividido entre raiz de 3.

La tensión eficaz, según la ley de ohm es:

$$V = I\ /\ Z$$

Intensidad eficaz partido por la impedancia

Pero....

¿Qué es eso de la impedancia?

## Impedancia en Corriente Alterna

La impedancia de los receptores en corriente alterna es lo que hace que se produzca un desfase entre la tensión y la intensidad y lo que hace realmente diferentes los circuitos en corriente contínua y alterna.

**La oposición a la corriente en corriente alterna se llama Impedancia, no resistencia**.

Por ejemplo, en un circuito puramente resistivo la impedancia (**Z**) es igual a su resistencia R, pero en un circuito inductivo puro (bobina) la oposición que ejerce la bobina a que pase la corriente por ella se llama **reactancia inductiva (Xl)** y en uno capacitivo (condensador) se llama **reactancia capacitiva (Xc)**.

Nota: en corriente contínua solo tenemos resistencia (R).

Los valores de Xl y Xc dependen de un coeficiente de autoinducción llamado L, en el caso de las bobinas, y de la capacidad (C), en el caso de los condensadores.

Podemos considerar 3 impedancias distintas en función de los receptores, aunque la impedancia de los receptores reales será una mezcla de 2 de ellas o incluso de las 3.

- **R** = resistencia en circuitos resistivos puros.

- **XL = L x w** = reactancia inductiva. La que tienen los receptores que son bobinas puras. L se mide en Henrios y es el coeficiente de autoinducción de la bobina.

- **Xc = 1/(C x w)** = reactancia capacitiva. La que tienen los receptores que son capacitivos puros. C es la capacidad del condensador y se mide en Faradios.

Recuerda w es la velocidad angular vista anteriormente.

OJO tanto R, como Xl, como Xc se miden todas en ohmios ($\Omega$).

Una bobina tiene una XL fija, un condensador tiene una Xc fija al igual que una resistencia concreta tiene su R fija.

Cuando tenemos un circuito mixto, RL, RC o RLC, la oposición al paso de la corriente vendrá determinada por la suma vectorial de estos 3 valores y **a esta suma se le llama impedancia (Z)**.

Luego veremos para cada caso su valor, pero de forma general, y según la ley de ohm:

V = I x Z y por lo tanto:

Z = V / I = impedancia.

La impedancia también se mide en ohmios ($\Omega$).

Ahora veamos cómo se comportan los circuitos en corriente alterna en función del receptor que se conecte.

## Circuitos R

Solo están **compuestos con elementos resistivos puros**.

**En este caso la V y la I** (tensión e intensidad) **están en fase**, o lo que es lo mismo, las ondas empiezan y acaban a la vez en el tiempo.

Por estar en fase **se tratan igual que en corriente continua**.

En c.a. solo pasa esto en circuitos puramente resistivos (solo **resistencias puras**).

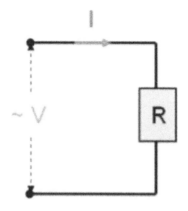

Circuito Resistivo Puro R

Las 2 ondas (tensión e intensidad) están en fase:

$$\varphi = 0$$

Fijate cómo serían las ondas senoidales:

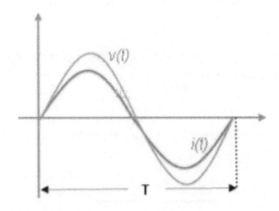

La verde de la tensión empieza en el mismo sitio que la rosa de la intensidad, es decir están en fase.

Y la ecuación de los valores eficaces según la ley de ohm será igual que en corriente contínua:

$$I = \frac{V}{R}$$

Las **tensiones e intensidades instantáneas** (en cada momento) están en fase y serán:

v = Vo x seno wt

i = Io x sen wt

En receptores resistivos puros la impedancia es R, ya que

no hay más tipos de resistencias.

$$R = V / I$$

Si te fijas lo único que hacemos es aplicar la Ley de Ohm.

$$V = I \times R$$

La potencia será $P = V \times I$. ( el cos 0° = 1), solo hay potencia activa y se llama igualmente P.

Recuerda que en este caso el ángulo de desfase es 0 grados, ya que están en fase las dos ondas.

## Circuitos L

Son los circuitos que sólo tienen componente inductivo (**bobinas puras**).

Circuito L Inductivo Puro

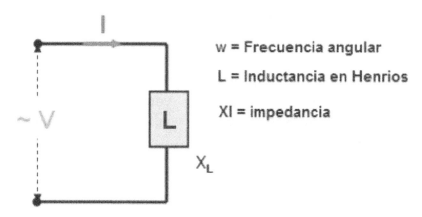

w = Frecuencia angular

L = Inductancia en Henrios

XI = impedancia

En este caso **la V y la I están desfasadas 90°**.

La intensidad está retrasada 90º respecto a la tensión o **la tensión está adelantada 90º respecto a la intensidad**.

Además en estos circuitos en lugar de R tenemos **XI, impedancia inductiva**.

Fíjate en el desfase de la intensidad (rosa) con respecto a la tensión (verde).

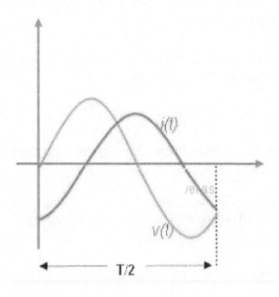

Es de 90º, es decir, la onda verde empieza y la rosa empieza 90 grados después.

$$\varphi = -\pi/2 \quad = 90º$$

La **XI es algo así como la resistencia de la parte inductiva**.

Para calcularla es importante un valor llamado inductancia **(L)** que solo poseen las bobinas puras.

$$Xl = w \times L$$

**L será la inductancia y se mide en henrios,** al multiplicarla por w (frecuencia angular) nos dará la impedancia inductiva.

Según ohm:

$$V = Xl \times I$$

Despejando también tenemos que:

$$I = V / XL$$

Cómo xL = w x  I

Las fórmulas anteriores quedarán:

**Valores Eficaces**

$$I_0 = \frac{V_0}{\omega L} \implies I = \frac{V}{\omega L}$$

$$\boxed{X_L = \omega L} \qquad \boxed{I = \frac{V}{X_L}}$$

El valor de la tensión en cualquier momento (instantánea) sería:

$$v = Vo \times sen\, wt$$

Donde Vo es el valor máximo de la tensión, w frecuencia angular y t el tiempo.

Para la intensidad instantánea recuerda que la I está retrasada 90° respecto a la tensión.

Si wt es el ángulo para la tensión, como la intensidad está retrasada 90° respecto a la tensión, tenemos que la intensidad instantánea será:

$$i = Io \times seno (wt - 90°)$$

## Circuitos C

Este tipo de circuitos son los que solo tienen componentes capacitivos (**condensadores puros**).

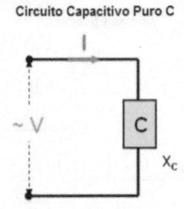

Circuito Capacitivo Puro C

En este caso **la V y la I están desfasadas 90° negativos** (la V está retrasada en lugar de adelantada con respecto a la I).

La **Xc será la impedancia capacitiva**, algo parecido a la resistencia de la parte capacitiva.

Xc vale:

$$Xc = 1/wC$$

Siendo C = a la capacidad en faradios
.
En este caso cuando la verde (tensión) empieza la rosa (i) ya empezó hace 90°.

Es decir la intensidad está adelantada 90° respecto a la tensión.

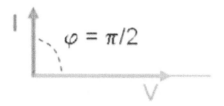

Los valores eficaces, considerando la resistencia Xc (resistencia capacitiva) y aplicando la ley de ohm generalizada son:

I = V/Xc
I = V/Xc

siendo:

Xc = 1/wC.

Tenemos que:

$$I_0 = \omega \, C \, V_0$$

$$I = \omega \, C \, V$$

$$X_c = \frac{1}{\omega \, C}$$

$$I = \frac{V}{X_c}$$

El valor de la tensión en cualquier momento (instantánea)

sería:

**v = Vo x sen wt**

Donde Vo es el valor inicial de la tensión, w frecuencia angular y t el tiempo.

Igualmente la intensidad:

**i = Io x seno (wt + 90°)**

Recuerda que la I está adelantada 90°.

Ahora que ya sabemos cómo se resuelven los circuitos de corriente alterna con receptores puros, **veamos cómo se resuelven cuando son una mezcla de varios puros**.

En este caso tenemos **varias posibilidades, RL, RC y RLC**.

Recuerda los ángulos de desfase en cada caso.

Te dejamos un resumen-guía a continuación.

## Guia de los ángulos de Desfase

Es mejor para los circuitos en serie recordar los ángulos de desfase tomando como referencia en 0° a la intensidad.

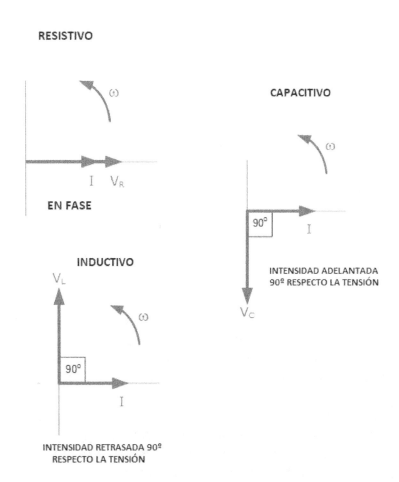

RESISTIVO

$\omega$

I   $V_R$

EN FASE

CAPACITIVO

$\omega$

90°   I

INTENSIDAD ADELANTADA
90° RESPECTO LA TENSIÓN

$V_C$

INDUCTIVO

$V_L$

$\omega$

90°

I

INTENSIDAD RETRASADA 90°
RESPECTO LA TENSIÓN

# CIRCUITOS EN SERIE EN CORRIENTE ALTERNA

## Circuito RL en Serie

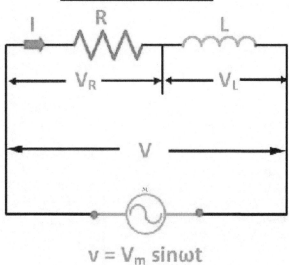

Por ser un circuito en serie, **la intensidad por los 2 receptores serán las mismas, y las tensiones serán la suma de las 2 tensiones, pero OJO, suma vectorial, porque recuerda que están desfasadas.**

Si consideramos que la intensidad está en ángulo 0, **la tensión de la resistencia estará en fase, pero la de la bobina estará adelantada 90° respecto a la intensidad del circuito y por lo tanto 90° adelantada respecto a la tensión de la resistencia también.**

Podríamos dibujar las 3 tensiones en lo que se llama el **triángulo de tensiones**:

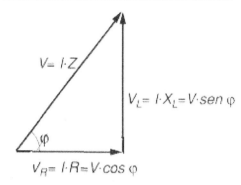

**Triángulo de Tensiones Circuito RL**

V = a la tensión total
VL = Tensión de la L (bobina)
VR ) Tensión en la Resistencia R

De este triángulo podemos deducir muchas fórmulas, solo tenemos que **aplicar trigonometría**.

Necesitamos saber resolver el seno, coseno y tangente en un triángulo rectángulo mediante trigonometría, y ya tenemos todas las fórmulas que ves en el triángulo..

Si ahora dividimos todos los vectores del triángulo entre la intensidad, nos queda un triángulo semejante pero más pequeño, que será el llamado triángulo de impedancias.

Recuerda que en general V/I = R (o Z)

## Triángulo de Impedancias circuito RL

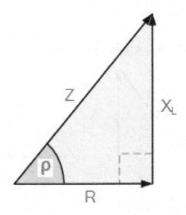

Cose ρ = R / Z => R = Z x coseno ρ

seno ρ = Xl/Z => Xl = Z x seno ρ = wL

$$Z = \frac{V}{I}$$

$$Z = \sqrt{R^2 + X_L^2}$$

$$Z^2 = \left( R^2 + X_L^2 \right)$$

Como puedes ver en la imagen por trigonometría podemos deducir varias fórmulas de este triángulo,

## Potencias en Corriente Alterna

¿Qué pasaría si en el triángulo de tensiones multiplicamos todas las tensiones por la intensidad?

Recuerda P = V x I

Pues que tendríamos el llamado **triángulo de potencias**, un triángulo semejante al de tensiones pero con valores mayores de los vectores.

### TRIANGULO DE POTENCIAS CIRCUITOS RL

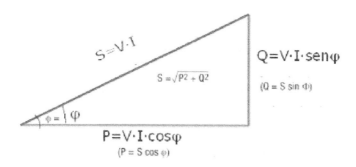

S = Potencia Aparente. Se mide en VA (voltioamperios)
P = Potencia Activa . Se mide en w (vatios)
Q = Potencia Reactiva (inductiva ).
   Se mide en VAR (voltioamperios reactivos )

De este triángulo, igual que con los demás, podemos deducir varias fórmulas por trigonometría.

Pero lo que está claro es que **en corriente alterna las potencias son 3 diferentes**.

**Potencia Activa Pa** = V x I cose ρ ; esta es la única que da trabajo útil, la realmente transformada.

113

Se mide en Vatios (w).

Es la tensión eficaz por la intensidad eficaz y por el coseno del ángulo que forman.

**Potencia Reactiva S** = V x I seno ρ ; esta es como si fuera una potencia perdida, cuanto menor sea mejor.

Se mide en voltio amperios reactivos (VAR)

**Potencia Aparente Q** = V x I ; se mide en voltio amperios (VA).

En cuanto a las potencias en alterna no estudiaremos más porque se nos haría el tema excesivamente largo.

Si quieres ampliar vete a este enlace:

https://www.areatecnologia.com/electricidad/potencia-electri ca.html

Donde se explican más detalladamente todas las potencias, incluidas las de alterna.

Veamos un ejercicio sencillo y muy típico de un motor de corriente alterna, circuito RL:

Tenemos un Motor de corriente alterna que se comporta como un receptor inductivo de R = 17,3 ohmios y su parte inductiva debido al bobinado tiene una XL = 10 ohmios.

Si está conectado a una toma de corriente de 230V/50Hz.

Determinar su intensidad y su diagrama vectorial:

La impedancia será:

$$Z = \sqrt{R^2 + X_L{}^2} = \sqrt{17,3^2 + 10^2} = 20\ \Omega$$

Aplicando la "ley de Ohm en AC" tenemos:

$$I = \frac{V}{Z} = \frac{230\ V}{20\ \Omega} = 11,5\ A$$

Para determinar el desfase entre los fasores V e I tenemos que determinar el ángulo característico del motor.

Podemos utilizar las expresiones trigonométricas ya que conocemos V, R y XL.

$$\cos\varphi = \frac{R}{Z} = \frac{17,3}{20} = 0,86 \;\Rightarrow\; \varphi = \cos^{-1} 0,86 = 30° \;\Rightarrow\; \varphi = 30°$$

Al ser el motor un receptor inductivo, $\underline{I}$ **retrasa** 30° con $\underline{V}$:

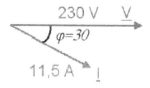

Luego veremos algunos ejercicios más.

El circuito RL tiene un componente resistivo y otro inductivo (R y L).

Una forma de resolver este tipo de problemas es utilizar los números complejos.

Yo creo que si se tiene claro el triángulo rectángulo no es necesario su utilización, pero de todas formas, veamos cómo se resolverán por medio de números complejos.

## Números Complejos

Veamos cómo sería **si la impedancia la tratáramos como un número complejo**.

$$Z = R + Xlj$$

Sabiendo que  $Xl = w \times L$ (frecuencia angular por inductancia)

Podemos decir también **$Z = R + (w \times L) \, j$**

Como en el componente resistivo la i y la v están en fase, el ángulo de desfase depende de la cantidad de componente inductivo que tenga.

¿No sabes lo que es un número complejo?

No te preocupes, es muy fácil aprender a trabajar con ellos, y para estos circuitos nos facilita mucho la resolución de los problemas.

Un número complejo (Z) en los circuitos eléctricos lo utilizamos para representar el llamado triángulo de impedancias:

$$Z = R + Xj$$

Fíjate que a la parte X del número complejo (representada en el triángulo como un cateto) se le pone un j para representar el número complejo.

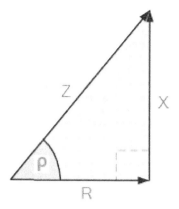

**Z = R + Xj** => Número Complejo

## X = Xl- Xc

Ya está, así de fácil es un número complejo.

Lo que realmente representa un número complejo es un triángulo rectángulo (hipotenusa y sus dos catetos).

Sigamos con nuestro circuito.

En los circuitos de corriente alterna el número complejo representa la impedancia del circuito (hipotenusa, Z), la resistencia de la parte resistiva pura (cateto R) y la diferencia (resta vectorial) entre la impedancia inductiva y la capacitiva (X = Xl - Xc), **esta última con la letra j**.

A la X se le llama Reactancia y es la resta vectorial de Xl menos Xc.

En los circuitos RL no tenemos Xc, por lo que X sería igual a Xl

Si tuviéramos Xc (parte capacitiva), X sería (Xl-Xc) una resta de los dos vectores, como en nuestro caso no tenemos Xc, entonces X = Xl.

Según este triángulo **podemos convertir el número complejo en número natural** con la siguiente fórmula (por Pitágoras):

$Z2 = R2 + Xl2$

Podríamos despejar Z para calcularla.

La intensidad sería I = V / Z, que en instantánea quedaría:

i = (Vo x seno wt) / (R + wLj) en complejo.

Podemos convertirlo en eficaz sustituyendo la Z por la raíz cuadrada de (R + wL).

Los valores eficaces serían V = I /Z o I = V/Z.

## Circuito RC en Serie

Esto es igual que antes, solo que ahora tenemos Xc en lugar de Xl.

Recuerda que Xc = 1/wC.

La intensidad será la misma en el circuito por estar los dos componentes en serie pero la tensión será la suma.

La diferencia con el anterior es que la tensión del condensador estará retrasada 90º con respecto a la intensidad, no adelantada como con la bobina.

Tendremos los mismos triángulos, pero invertido (boca abajo).

## CIRCUITO RC ALTERNA

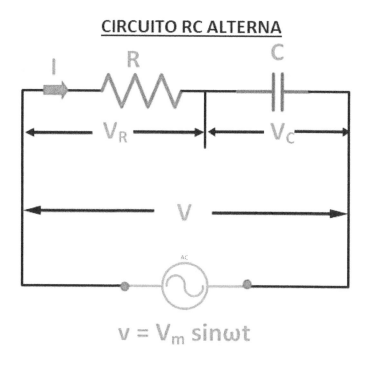

$$v = V_m \; sin\omega t$$

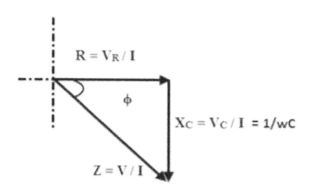

Además, si trabajamos con números complejos tenemos:

Xc = 1/(wCj) y por lo tanto

Z = R + 1/(wCj) en número complejo.

Pero si hacemos el triángulo de impedancias en este caso la Z en número natural sería: Z2 = R2 + (1/(wC))2

Ves que es igual pero sustituyendo Xl por Xc que es 1/wC, en lugar de Xl cuyo valor es wL.

Hagamos un ejercicio RC.

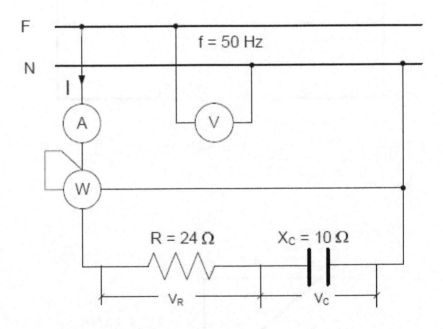

La lectura del voltímetro es de 230V, determinar:

a) Lectura del amperímetro.
b) Valor de la intensidad activa y reactiva
c) Lectura del vatímetro
d) Valor de la tensión en la resistencia
e) Valor de la potencia reactiva y aparente

La impedancia total sería:

$$Z = \sqrt{R^2 + X_C^2} = \sqrt{24^2 + 10^2} = 26\ \Omega$$

Y la lectura del amperímetro:

$$I = \frac{V}{Z} = \frac{230}{26} = 8.846\ A$$

b) El valor de la intensidad activa y reactiva lo sacamos del triángulo de impedancias;

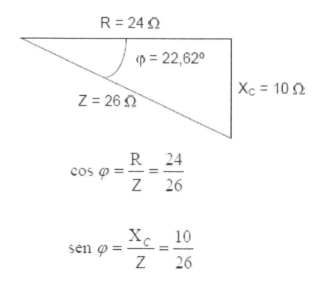

$$\cos \varphi = \frac{R}{Z} = \frac{24}{26}$$

$$sen\ \varphi = \frac{X_C}{Z} = \frac{10}{26}$$

La intensidad activa será la intensidad por el coseno del ángulo, y la reactiva por el seno.

$$Ia = I \cdot \cos \varphi = 8.846 \cdot \frac{24}{26} = 8.165 \text{ A}$$

$$Ir = I \cdot \operatorname{sen} \varphi = 8.846 \cdot \frac{10}{26} = 3.402 \text{ A}$$

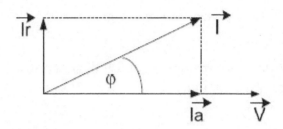

c) La lectura del vatímetro coincide con el valor de la potencia activa consumida por el circuito (la de la resistencia).

Tenemos 2 formas de calcularla:

$$P = R \cdot I^2 = 24 \cdot 8.846^2 = 1.878 \text{ W}$$

$$P = V \cdot I \cdot \cos \varphi = V \cdot Ia = 230 \cdot 8.165 = 1.878 \text{ W}$$

Cualquiera de las formas deben dar lo mismo.

d) para calcular el valor de Vr y Vc:

$$V_R = R \cdot I = 24 \cdot 8.846 = 212.3 \text{ V}$$

$$V_C = X_C \cdot I = 10 \cdot 8.846 = 88.46 \text{ V}$$

Fíjate que:

$$\sqrt{V_R^2 + V_L^2} = \sqrt{212.3^2 + 88.46^2} \approx 230 \text{ V (valor de la tensión de red)}$$

e) Ahora el valor de la potencia reactiva y aparente:

La potencia reactiva Q será:

$$Q = X_C \cdot I^2 = 10 \cdot 8.846^2 = 782.5 \text{ VAr}$$

Pero también podría calcularse:

$$Q = V \cdot I \cdot \operatorname{sen} \varphi = V \cdot Ir = 230 \cdot 3.402 = 782.5 \text{ VAr}$$

La Potencia Aparente S será:

$$S = V \cdot I = 230 \cdot 8.846 = 2.034.58 \text{ VA}$$

Pero también podría calcularse:

$$S = \frac{V^2}{Z} = \frac{230^2}{26} = 2034.61 \text{ VA}$$

Ahora vamos analizar los circuitos RLC.

## Circuitos RLC en Serie

Son los circuitos más reales.

Nota: **si te acostumbras hacer todo con los triángulos de impedancias, de tensiones y de potencias es mucho más fácil.**

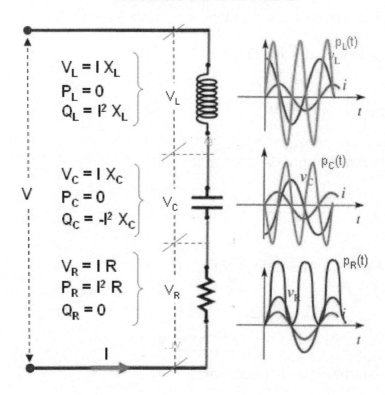

**CIRCUITOS RLC**

$V_L = I X_L$

$P_L = 0$

$Q_L = I^2 X_L$

$V_C = I X_C$

$P_C = 0$

$Q_C = -I^2 X_C$

$V_R = I R$

$P_R = I^2 R$

$Q_R = 0$

Ahora mira las ondas en estos circuitos:

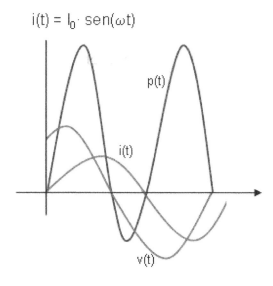

$i(t) = I_0 \cdot \operatorname{sen}(\omega t)$

$p(t)$

$i(t)$

$v(t)$

## Triangulo de Tensiones

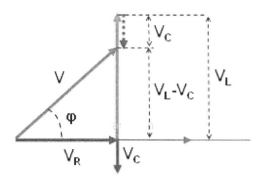

Y así quedaría el triángulo de tensiones

## Triangulo de Impedancias

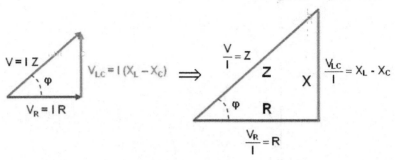

$$Z = \frac{V}{I}$$

$$\varphi = \text{arc tag } \frac{X_L - X_C}{R}$$

Número Complejo

$$Z = \sqrt{R2 + (X_L - X_C)2}$$

$$\bar{Z} = R + j(X_L - X_C)$$

$$\bar{Z} = Z_\varphi$$

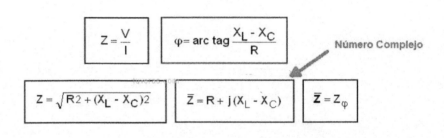

## Triangulo de Potencias

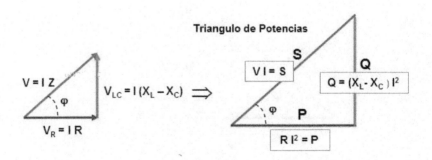

Potencia aparente: $S = V I$

Potencia activa: $P = V I \cos \varphi$

Potencia reactiva: $Q = V I \operatorname{sen} \varphi)$

$$\bar{S} = P + jQ = V I \cos \varphi + j V I \operatorname{sen} \varphi$$

Veamos un ejercicio RLC.

Calcular los valores de impedancia, intensidad, tensiones en todos los receptores, potencia activa, reactiva y aparente del siguiente circuito en serie RLC:

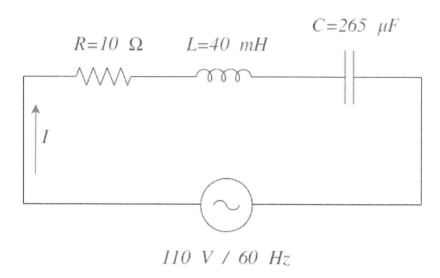

Primero calculamos la reactancia inductiva Xl con su fórmula:

$$X_L = 2.\pi.f.L$$

Sustituimos los valores de la frecuencia y del coeficiente de autoinducción (en henrios) y operamos:

$$X_L = 2.\pi.60.40.10^{-3} = 15,08 \ \Omega$$

La reactancia capacitiva la calculamos con la siguiente fórmula:

$$X_C = \frac{1}{2.\pi.f.C}$$

$$X_C = \frac{1}{2.\pi.60.265.10^{-6}} = 10 \ \Omega$$

Sustituimos los datos de la frecuencia y de la capacidad (en faradios) y operamos:

En este circuito, la reactancia inductiva es mayor que la reactancia capacitiva:

$$X_L > X_C$$

Por lo que el triángulo de impedancias queda:

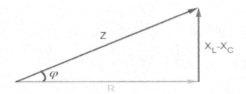

Del triángulo de impedancias obtenemos la fórmula para calcular la impedancia:

$$Z = \sqrt{R^2 + (X_L - X_C)^2}$$

Sustituimos los valores de la resistencia, la reactancia

128

inductiva y la reactancia capacitiva y operamos:

$$Z=\sqrt{10^2+(15,08-10)^2}=11,21\ \Omega$$

Calculamos también el ángulo φ a partir del coseno:

$$cos\ \varphi=\frac{R}{Z}$$

Sustituimos valores de R y Z y operamos:

$$cos\ \varphi=\frac{10}{11,21}=0,892$$

Realizamos la inversa del coseno y operamos, obteniendo el valor del ángulo φ :

$$\varphi=arc\ cos\ 0,892=26,87^o$$

Una vez tenemos calculada la impedancia, podemos calcular la intensidad del circuito dividiendo la tensión total entre la impedancia:

$$I=\frac{V_T}{Z}$$

Sustituimos la tensión y la impedancia por sus valores y

operamos:

$$I = \frac{110}{11,21} = 9,81 \ A$$

Pasamos ahora a calcular las tensiones del circuito.

La tensión en la resistencia la calculamos multiplicando la intensidad por la resistencia:

$$V_R = I.R$$

Sustituimos valores y operamos:

$$V_R = 9,81.10 = 98,1 \ V$$

La tensión en la bobina la calculamos multiplicando la intensidad por la reactancia inductiva:

$$V_L = I.X_L$$

Sustituimos valores y operamos:

$$V_L = 9,81.15,08 = 147,93 \ V$$

Multiplicamos la intensidad por la reactancia capacitiva para obtener la tensión en el condensador:

$$V_C = I.X_C$$

Sustituimos valores y operamos:

$$V_C = 9,81.10 = 98,1 \ V$$

A partir del triángulo de potencias:

Calculamos las diferentes potencias del circuito.

Empezamos calculando la potencia aparente multiplicando la tensión total por la intensidad:

$$S = V_T.I$$

$$S = 110.9,81 = 1079,1 \ VA$$

La potencia activa es igual a la potencia aparente por el coseno de $\varphi$: P = Vt x I cose de fi.

$$P = 110.9,81.0,892 = 962,56 \ W$$

Y la potencia reactiva total la calculamos multiplicando

la potencia aparente por el seno de φ:

$$Q_T = V_T.I.sen\ \varphi$$

$$Q_T = 110.9,81.sen\ 26,87° = 487,71\ VAR$$

El diagrama vectorial queda de la siguiente forma:

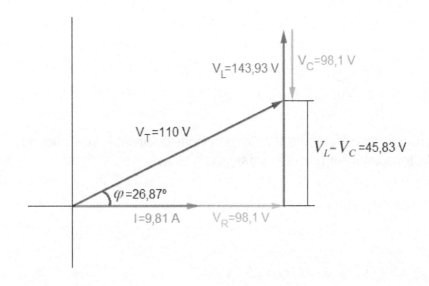

Te dejamos un enlace a una página donde puedes ver ejercicios resueltos de corriente alterna para que puedas practicar.

https://www.areatecnologia.com/electricidad/ejercicios-altern a.html

# Mejora del Factor de Potencia

Nota: **Factor de potencia = coseno de fi.**

Si existiera la bobina o el condensador puro no tendrían nada resistivo y la potencia activa, que es la debida a la resistencia sería 0.

En los circuitos L y C puros sabemos que su factor de potencia es 0, por lo tanto **su potencia activa será 0, no tienen**.

OJO esto solo es teoría, en la práctica no existen los circuitos puros de este tipo, como ya hemos dicho varias veces.

En teoría, solo en teoría, podríamos analizar un circuito que fuera inductivo puro, es decir una bobina pura, o un circuito capacitivo puro, un condensador puro.

Los factores de potencia serían cero (0), no tendrán potencia activa.

Factor de potencia receptor inductivo puro:

coseno 90° = 0

Factor de potencia receptor capacitivo puro:

coseno -90° = 0

Ya que coseno (x) = coseno (-x)

Potencia Activa Circuito Inductivo y Capacitivo Puro = 0 w

Decimos que solo en teoría porque en realidad una bobina no solo es una bobina es un conductor enrollado y por lo tanto, además de inductivo, tiene un componente resistivo (tienen una resistencia).

Lo mismo pasa con los condensadores, por eso cuando trabajamos con un circuito que tiene un condensador o una bobina su factor de potencia nunca será 1.

Sin embargo un circuito que tenga componentes RLC (resistivo, inductivo y capacitivo) tiene un factor de potencia que será mayor de 0 y menor de 1.

Nota: El coseno de un ángulo cualquiera tiene un valor mayor de 0 pero menor de 1 siempre, sea el valor del ángulo el que sea.

Para calcular su potencia activa recordamos::

Pactiva = V x I x cosφ = w (vatios).

La Potencia Reactiva es la potencia que solo tienen los circuitos que tengan parte inductiva o capacitiva (LC) y no se transforma en energía, **no produce trabajo útil, por eso podemos considerarla una pérdida**.

Pérdida que queremos y debemos evitar (corrigiendo el factor de potencia)

Se representa por la letra Q y su fórmula es:

Q = V x I seno φ; se mide en VAR (voltio amperios reactivos)

La Potencia Aparente es la suma vectorial de las potencias activa y reactiva.

Se representa por la letra S y su fórmula es:

S = V x I se mide en voltio amperios (VA)

Recuerda siempre el llamado triángulo de potencias en c.a. que tienes en la siguiente página:

que tienes en la siguiente página:

TRIÁNGULO DE POTENCIAS EN ALTERNA

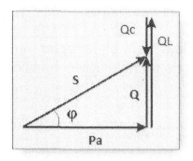

Podríamos calcular una potencia teniendo las otras 2 simplemente aplicando Pitágoras en el triángulo.

Por ejemplo:

P = S x cosen φ; o lo que es lo mismo P = V x I x cose φ. (recuerda S = V x I).

Q = S x seno φ; o lo que es lo mismo Q = V x I x seno φ.

**Si queremos mejorar la potencia útil en un circuito, lo que debemos es disminuir la potencia reactiva.**

A esto se le conoce como "**Mejora del Factor de Potencia**"

A la vista de lo explicado antes esto lo **podemos conseguir aumentando la potencia reactiva capacitiva mediante condensadores en paralelo.**

Con esto **conseguimos reducir el ángulo φ**.

Ya sabemos que al coseno φ se le llama factor de potencia, pues lo ideal es que el **coseno φ = 1 ( φ = 0)**, ya que **todo sería potencia útil**.

Un coseno φ = 0,95 es más eficiente que un coseno φ = 0,85 en un circuito con receptores.

Poniendo en paralelo con el receptor un condensador o varios, depende si es monofásico o trifásico, mejoramos el factor de potencia.

Si te interesa el tema puedes ampliar información en el siguiente enlace:

https://www.areatecnologia.com/electricidad/factor-de-poten cia.html

Veamos en la página siguiente un esquema típico de cómo se conectarán los condensadores.

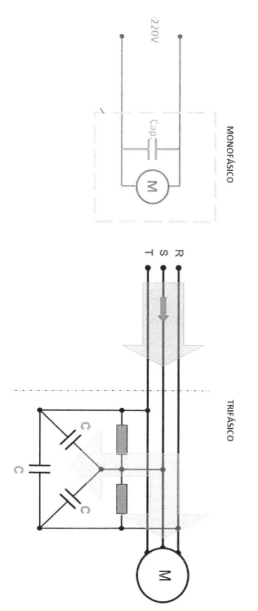

MONOFÁSICO

220V

Cap.

M

TRIFÁSICO

R
S
T

C

C

C

C

M

# CIRCUITOS PARALELO EN ALTERNA

En las instalaciones eléctricas, tanto domésticas como industriales o comerciales, los distintos receptores se conectan todos a la misma tensión, o lo que es lo mismo, en conexión paralelo.

Veamos las características de los circuitos y receptores conectados en paralelo.

Podemos ver en los esquemas de más abajo, dos formas diferentes de representar circuitos en paralelo.

Los receptores 1,2,3... pueden ser una resistencia pura (resistivo), una bobina pura (inductivo) o un condensador (capacitivo) o una mezcla de los 3 receptores.

## Circuitos en Alterna con Receptores en Paralelo

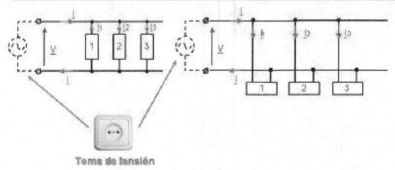

Toma de tensión

- En los circuitos en paralelo las tensiones de todos los receptores (o ramas) son la misma.

Imaginemos que en cada rama tenemos solo un receptor, entonces V1 = V2 = V3....

- La intensidad en paralelo es la suma de las intensidades en cada rama, pero OJO, al ser en corriente alterna será la suma vectorial ya que la intensidad que atraviesa una resistencia está en fase con la tensión, pero la intensidad que atraviesa una bobina está retrasada 90° y la que atraviesa un condensador adelantada 90° respecto a la tensión (como vimos en circuitos en serie).

Recordemos los ángulos de desfase:

**RESISTIVO**

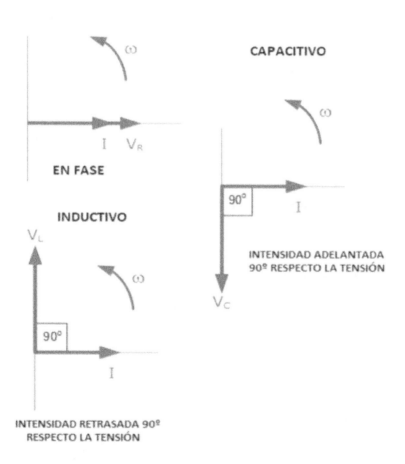

**EN FASE**

**INDUCTIVO**

**CAPACITIVO**

**INTENSIDAD ADELANTADA 90º RESPECTO LA TENSIÓN**

**INTENSIDAD RETRASADA 90º RESPECTO LA TENSIÓN**

Si ponemos todas las tensiones en ángulo 0°, ya que son las mismas en paralelo (VR = VL = VC = Vt = V) y ahora colocamos las intensidades, nos quedaría la intensidad de una resistencia en ángulo 0, la de la bobina retrasada 90° respecto a la intensidad de la resistencia y la intensidad del condensador adelantada 90° respecto a la de la resistencia.

**Si lo comparas con las tensiones en serie es justo al contrario**.

It = I1 + I2 + I3....Pero OJO

¡¡¡SUMA VECTORIAL DE LAS INTENSIDADES!!!.

El ángulo de desfase de cada intensidad respecto a la tensión, dependerá del tipo de receptor que sea, como ya vimos en serie.

**Los circuitos en paralelo tienen el triángulo de intensidades, los de serie el de tensiones**.

### TRIANGULO DE INTENSIDADES EN PARALELO

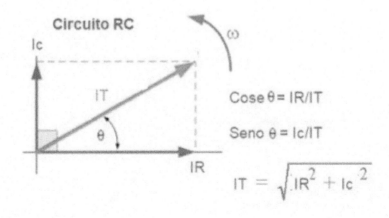

Circuito RC

$Cose\,\theta = IR/IT$

$Seno\,\theta = Ic/IT$

$$IT = \sqrt{.IR^2 + Ic^2}$$

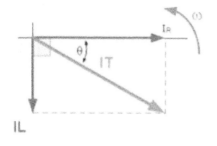

$$Cose\,\theta = IR/IT$$

$$Seno\,\theta = IL/IT$$

$$IT = \sqrt{IR^2 + IL^2}$$

### Circuito RLC

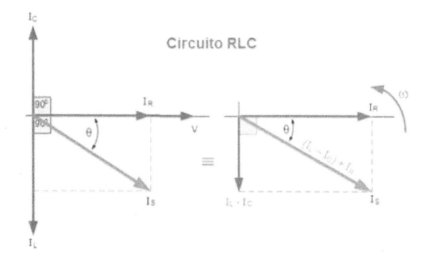

- En serie teníamos el triángulo de impedancias, OJO en paralelo NO.

**En paralelo es muy frecuente trabajar con una nueva magnitud llamada admitancia (Y)**, que es la inversa de la impedancia Y = 1/Z (se mide en Siemens).

En paralelo si que tenemos el triángulo de Admitancias (similar al de impedancias en serie).

Una vez tenemos la admitancia total podemos obtener la impedancia total, ya que es su inversa.

$$\frac{1}{Z_T} = Y_T = Y_1 + Y_2 + Y_3 + Y_4 + \ldots\ldots etc$$

Si Z = V/I la admitancia es 1/Z = Y = I1 /V = I1/V + I2/V + I3/V +.... = (I1 + I2 + I3 +...) / V

De todas formas, la impedancia de una resistencia sigue siendo el valor de la resistencia, el de una bobina pura es XL y el de un condensador puro es Xc (como vimos en serie).

Todas se miden en ohmios ($\Omega$).

XL = w x L; donde L es el coeficiente de autoinducción medido en Henrios (H) y w = velocidad angular (de la onda de la tensión o intensidad).

Xc = 1 / (w x C); donde C es la capacidad del condensador en faradios.

la velocidad angular (radianes partido por segundo), podemos calcular con la frecuencia de la onda.

w = 2 x pi x f; donde f= frecuencia, y por ejemplo en europa es de 50 hertzios (Hz).

Fíjate los triángulos de impedancias en serie, comparado con los triángulos de admitancias en paralelo para R,L y C.

Veamos los gráficos de **Impedancias y Admitancias**.

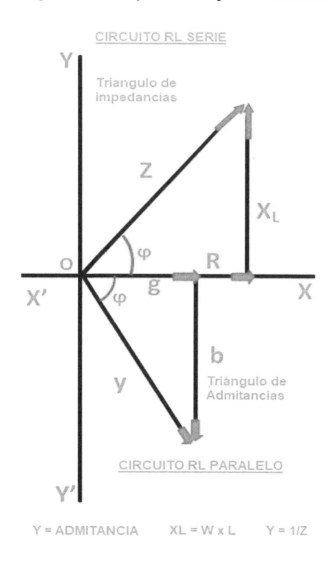

Y = ADMITANCIA     XL = W x L     Y = 1/Z

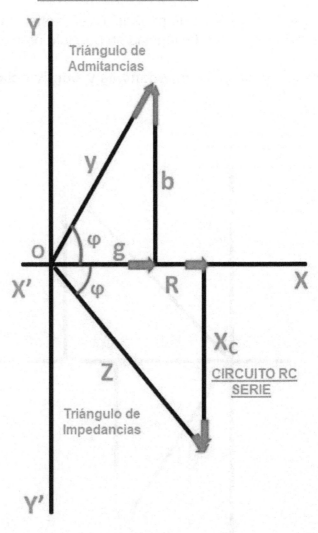

Triángulo de
Admitancias

Triángulo de
Impedancias

CIRCUITO RC
SERIE

$Y = ADMITANCIA \quad XL = W \times L \quad Y = 1/Z$

- Al ser la tensión eficaz la misma en cada receptor, una vez que sabemos la impedancia de cada uno podemos calcular el valor eficaz de la intensidad en cada rama o receptor mediante la ley de ohm.

I1 = V / Z1; I2 = V / Z2; I3 = V/Z3.....

Cada una de estas intensidades tiene un ángulo con respecto a la tensión, que viene determinado por el tipo de receptor, por eso OJO, la intensidad total será la suma vectorial de las intensidades en cada receptor.

Pero veamos todo esto con ejemplos concretos que lo entenderemos mejor.

## Circuito RL en Paralelo

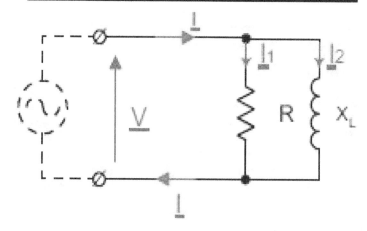

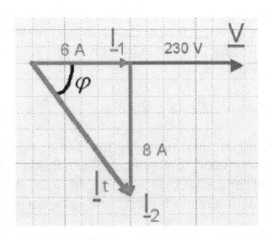

$$Vt = VR = VL$$

$$It = \sqrt{I_1^2 + I_2^2}$$

Coseno $\varphi$ = I1 / It = I resistiva / I total

I1 = Intesidad resistiva
I2 = Intensidad inductiva (bobina)
It = Intensidad total

En estos casos podemos obtener el triángulo de intensidades sabiendo que la intensidad de la resistencia pura está en fase con la tensión, y la intensidad de la bobina retrasada 90º respecto a la tensión.

De ese triángulo obtenemos las fórmulas que ves arriba por trigonometría.

Veamos un ejemplo concreto:

Imagina que conectamos una resistencia de 38,3 ohmios en paralelo con una bobina ideal de $Xl = 28,75$ ohmios a una fuente de tensión en corriente alterna de 230V de tensión eficaz.

- El receptor de la resistencia pura su impedancia será solo resistiva: $Z1 = R = 38,3\Omega$.

Podemos calcular la intensidad de la resistencia con la ley de ohm: $I1 = V /Z1 = 230/38,3 = 6A$

La intensidad estará en fase con la tensión por ser resistivo puro, es decir el ángulo de desfase de la de tensión y la I1 será 0°.

- El receptor de la bobina pura su impedancia será solo inductiva ($XL$ = reactancia inductiva) $Z2 = Xl = 28,75\Omega$.

Recuerda que $XL = w \times L$; donde L es la inductancia medida en henrios.

Podemos calcular la intensidad por la bobina con la ley de ohm: $I2 = V / Z2 = 230/28,75 = 8A$

La intensidad estará retrasada 90° con respecto a la tensión por ser inductivo puro (bobina), es decir el ángulo de desfase de la de tensión y la I2 será -90°.

Si dibujamos el triángulo de intensidades, podemos calcular la intensidad total y el ángulo de desfase total por trigonometría:

Según el Teorema de Pitágoras tenemos:

$$I = \sqrt{I_1^2 + I_2^2} = \sqrt{6^2 + 8^2} = 10 \, A$$

El ángulo de desfase es:

$$\cos\varphi = \frac{6}{10} \quad \Rightarrow \quad \varphi = \cos^{-1}\frac{6}{10} \cong 53°$$

Fíjate que la suma de los valores eficaces de las intensidades serían 14A, pero realmente el valor de la intensidad total es de 10A.

Ya tenemos calculadas todas las Z, las I y las V. Problema resuelto.

## Circuito RC en Paralelo

En este caso la intensidad por el condensador estará adelantada 90° respecto a la tensión.

Recuerda Xc = 1/Cw; donde C es la capacidad del condensador medida en faradios.

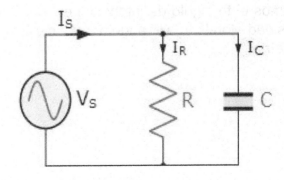

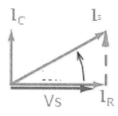

Vs = VR = VC

$$I_R = \frac{V_S}{R}, \quad I_C = \frac{V_S}{X_C}$$

$$I_S = \sqrt{I_R^2 + I_C^2}$$

Coseno fi = IR / Is

IR = Intensidad resistencia

IC = Intensidad Condensador

Is= Intensidad Total

Imagina que R tiene un valor de 30Ω y que el condensador tiene una Xc = 40Ω.

La fuente de alimentación en alterna es de 120V.

Calculemos:

VR = VL = Vt = 120V

IR = VL/R = 120/30 = 4A

Ic = Vc/Xc = 120/40 = 3A; Xc = reactancia capacitiva.

It = Raíz cuadrada de 4 al cuadrado + 3 al cuadrado= 5 Amperios

Z = V/It = 120/5 = 24Ω

Ya tenemos todas las V, las I y las Z. Problema resuelto.

## Circuitos RLC en Paralelo

En estos casos el triángulo de intensidades, para calcular la intensidad total, será la suma de las 3 intensidades (Resistiva, Inductiva y Capacitiva).

Además **es mejor trabajar con las admitancias (Y)** y luego calcular la impedancia total (Z).

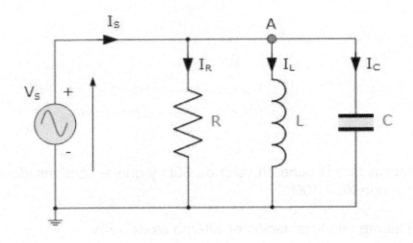

$$\frac{1}{Z_T} = Y_T = \vec{Y}_T = \vec{Y}_R + \vec{Y}_L + \vec{Y}_C$$

$$I_R = \frac{V}{R}, \quad I_L = \frac{V}{X_L}, \quad I_C = \frac{V}{X_C}$$

$$R = \frac{V}{I_R} \quad X_L = \frac{V}{I_L} \quad X_C = \frac{V}{I_C}$$

$$I_S^2 = I_R^2 + \left(I_L - I_C\right)^2 \implies I_S = \sqrt{I_R^2 + \left(I_L - I_C\right)^2}$$

$$I_S = \sqrt{\left(\frac{V}{R}\right)^2 + \left(\frac{V}{X_L} - \frac{V}{X_C}\right)^2} = \frac{V}{Z}$$

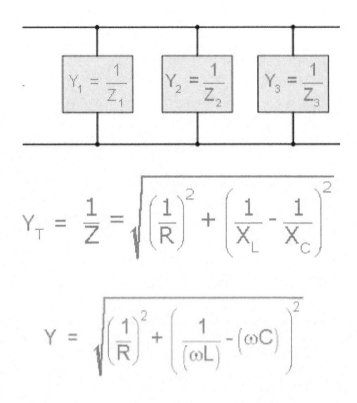

$$Y_1 = \frac{1}{Z_1} \qquad Y_2 = \frac{1}{Z_2} \qquad Y_3 = \frac{1}{Z_3}$$

$$Y_T = \frac{1}{Z} = \sqrt{\left(\frac{1}{R}\right)^2 + \left(\frac{1}{X_L} - \frac{1}{X_C}\right)^2}$$

$$Y = \sqrt{\left(\frac{1}{R}\right)^2 + \left(\frac{1}{(\omega L)} - (\omega C)\right)^2}$$

Vamos a calcular la intensidad del siguiente circuito:

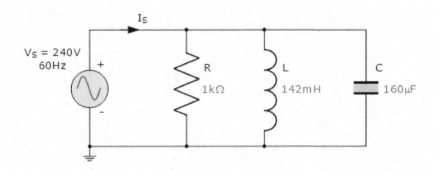

En este caso no haría falta la admitancia.

152

$$X_L = \omega L = 2\pi f L = 2\pi.60.142\times10^{-3} = 53.54\Omega$$

$$X_C = \frac{1}{\omega C} = \frac{1}{2\pi f C} = \frac{1}{2\pi.60.160\times10^{-6}} = 16.58\Omega$$

$$Z = \frac{1}{\sqrt{\left(\dfrac{1}{R}\right)^2 + \left(\dfrac{1}{X_L} - \dfrac{1}{X_C}\right)^2}} = \frac{1}{\sqrt{\left(\dfrac{1}{1000}\right)^2 + \left(\dfrac{1}{53.54} - \dfrac{1}{16.58}\right)^2}}$$

$$Z = \frac{1}{\sqrt{1.0\times10^{-6} + 1.734\times10^{-3}}} = \frac{1}{0.0417} = 24.0\Omega$$

$$I_S = \frac{V_S}{Z} = \frac{240}{24} = 10\ \text{Amperes}$$

Veamos otro ejercicio RLC en paralelo:

Un circuito en corriente alterna tiene un resistor de 60 ohmios, un inductor de 0,1 henrios y un capacitor de 0,3 microfaradios, conectados a un voltaje:

v = 150 x seno 800t

Resolver el circuito.

$$R_L = \omega L = 800.0,1 = 80\ \Omega$$

$$R_C = \frac{1}{\omega C} = \frac{1}{800\cdot 3E-6} = 416{,}667\ \Omega$$

$$\frac{1}{Z} = \sqrt{\frac{1}{60^2} + \left(\frac{1}{416,667} - \frac{1}{80}\right)^2}$$

$$Z = 51,313 \ \Omega$$

$$I_0 = \frac{150}{51,313} = 2,923 \ A$$

$$I_{OR} = \frac{150}{60} = 2,5 \ A$$

$$I_{OL} = \frac{150}{80} = 1,875 \ A$$

$$\phi = Tan^{-1}\left(\frac{60 \cdot 80 - 416,667}{80 \cdot 416,667}\right) = -0,545 \ rad$$

$$v = 150 \, Sen \, 800t$$

$$i = 2,923 \, Sen \, (800t - 9,983)$$

$$i_R = 2,5 \, Sen \, 800t$$

$$i_L = 1,875 \, Sen \, (800t - \pi/2)$$

$$i_C = 0,360 \, Sen \, (800t + \pi/2)$$

$$p = 438,45 \, Sen \, 800t \, Sen \, (800t - 9.983)$$

# CIRCUITOS MIXTOS EN ALTERNA

Llamaremos circuitos mixtos en corriente alterna a los circuitos que tienen dos o más ramales en paralelo, cada uno de los cuales, a su vez, es un circuito en serie de dos o tres de los elementos posibles.

La resolución de este tipo de circuitos se hace resolviendo primero cada ramal por separado (serie), dejando una sola impedancia en cada ramal.

Una vez hecho esto solo tenemos un receptor (impedancia) en cada rama, resolvemos las ramas en paralelo y solucionado.

$$\frac{1}{Z_{equiv}} = \frac{1}{Z_L} + \frac{1}{Z_C}$$

$$Z_{equiv} = \frac{Z_L Z_C}{Z_L + Z_C}$$

$$Z_L = \sqrt{R_L^2 + \omega^2 L^2}$$

$$y \quad Z_C = \sqrt{R_C^2 + \frac{1}{\omega^2 C^2}}$$

Veamos un ejercicio típico mixto en corriente alterna.

Resuelva el siguiente circuito, si se conecta al voltaje $v = 300\,Sen\,1500t$ .

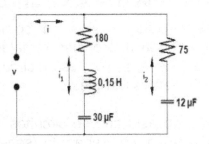

Ramal 1:

$R_1 = 180\ \Omega$

$R_L = \omega L = 1500 \cdot 0{,}15 = 225\ \Omega$

$R_{C1} = \dfrac{1}{\omega C_1} = \dfrac{1}{1500 \cdot 30E - 6} = 22{,}22\ \Omega$

$Z_1 = \sqrt{R_1^2 + \left(R_{C1} - R_L\right)^2} = \sqrt{180^2 + \left(22{,}22 - 225\right)^2} = 271{,}145\ \Omega$

$I_{01} = \dfrac{V_0}{Z_1} = \dfrac{300}{271{,}145} = 1{,}106\ A$

$\phi_1 = Tan^{-1}\left(\dfrac{R_{C1} - R_L}{R_1}\right) = Tan^{-1}\left(\dfrac{22{,}22 - 225}{180}\right) = -0{,}845\ rad$

Ramal 2:

$R_2 = 75\ \Omega$

$R_{C2} = \dfrac{1}{\omega C_2} = \dfrac{1}{1500 \cdot 12E - 6} = 55{,}556\ \Omega$

$Z_2 = \sqrt{R_2^2 + R_{C2}^2} = \sqrt{75^2 + 55{,}556^2} = 93{,}335\ \Omega$

$I_{02} = \dfrac{V_0}{Z_2} = \dfrac{300}{93{,}335} = 3{,}214\ A$

$$\phi_2 = Tan^{-1}\left(\frac{R_{C2}}{R_2}\right) = Tan^{-1}\left(\frac{55,556}{75}\right) = 0,638 \ rad$$

Luego:

$$\delta = |0,638 + 0,485| = 1,123 \ rad$$

$$I_0 = \sqrt{1,106^2 + 3,214^2 - 2 \cdot 1,106 \cdot 3,214 Cos(-1,951)} = 12,986 \ A$$

$$\phi = Tan^{-1}\left(\frac{1,106 Sen(0,845) + 3,214 Sen 0,638}{1,106 Cos(0,845) + 3,214 Cos 0,638}\right) = 0,317 \ rad$$

$$\frac{1}{Z} = \sqrt{\frac{1}{271,145^2} + \frac{1}{93,335^2} + \frac{2}{271,145 \cdot 93,335} Cos \ 1,123}$$

$$Z = 8,323 \ \Omega$$

Entonces, tenemos:

Funciones:

$$v = 300 Sen 1500t$$

$$i = 2,986 \ Sen \ (1500t + 0,317)$$

$$i_1 = 1,106 \ Sen \ (1500t - 0,845)$$

$$i_2 = 3,214 \ Sen \ (1500t + 0,638)$$

$$p = 895,8 \ Sen \ 1500t \ Sen \ (1500t + 0,317)$$

Valores eficaces:

$$V \approx 212 \ V \qquad I_2 = 2{,}273 \ A$$
$$I = 2{,}111 \ A \qquad P = 425{,}583 \ W$$
$$I_1 = 0{,}782 \ A$$

# Otros libros del Autor:

- **Electrónica Digital**: Aprenderás todo lo necesario para comprender y trabajar con la electrónica digital.

- **Electrónica Básica**: ¿Quieres aprender electrónica pero tienes miedo que sea muy difícil? Este es tu libro.

- **Circuitos Eléctricos**: Un libro sencillo y fácil de aprender con todos los conocimientos básicos de electricidad.

- **Máquinas Eléctricas**: Todas las máquinas eléctricas, los motores, los generadores y los transformadores.

- **Fundamentos de Programación**: Aprende a programar de forma fácil.

- **101 Problemas de Lógica**: Juegos para agilizar la mente.

- **Estilo Compadre**: Su primera novela. Una novela policial y romántica, donde el pasado vuelve para traer inesperadas consecuencias.

- **Instalaciones Fotovoltaicas**: Componentes, Cálculo y Diseño de Instalaciones Solares fotovoltaicas. Aprende de forma fácil todos los tipos de instalacione

Todos los puedes comprar en la página web del autor en Amazon.

Made in the USA
Coppell, TX
16 October 2024

38781090R00089